香料饮料作物品种资源与栽培利用系列丛书

菠萝蜜
品种资源与栽培利用

吴　刚　苏兰茜　谭乐和　主编

中国农业出版社
北京

图书在版编目（CIP）数据

菠萝蜜品种资源与栽培利用/吴刚，苏兰茜，谭乐
和主编．—北京：中国农业出版社，2023.11
ISBN 978-7-109-31334-7

Ⅰ.①菠…　Ⅱ.①吴…②苏…③谭…　Ⅲ.①树菠萝
－种质资源②树菠萝－栽培技术③树菠萝－综合利用
Ⅳ.①S667.8

中国国家版本馆CIP数据核字（2023）第212143号

中国农业出版社出版
地址：北京市朝阳区麦子店街18号楼
邮编：100125
责任编辑：丁瑞华　黄　宇
版式设计：杨　婧　责任校对：范　琳
印刷：中农印务有限公司
版次：2023年11月第1版
印次：2023年11月北京第1次印刷
发行：新华书店北京发行所
开本：700mm×1000mm　1/16
印张：10.25
字数：200千字
定价：128.00元

　　本书的编著和出版，得到2022年中央财政林业科技推广示范资金项目"香蜜17号木波罗种苗繁育及配套栽培技术推广示范"，No. 琼〔2022〕TG07号；院本级基本科研业务费专项"热带木本粮食作物（菠萝蜜、面包果）种质资源收集保存与种质创制"，No. 1630142022001；海南省重点研发项目"基于黄翅绢野螟专食菠萝蜜行为调控的绿色防控关键技术研究与示范"，No. ZDYF2023XDNY035；国家热带植物种质资源木本粮食种质资源分库"NTPGRC2023—018"；云南省谭乐和专家工作站项目"202205AF150037"等课题经费资助。

香料饮料作物品种资源与栽培利用系列丛书

编委会

编委会名单

　　菠萝蜜（*Artocarpus heterophyllus* Lam.）是桑科（Moraceae）菠萝蜜属（*Artocarpus*）特色热带果树，也是热带木本粮食作物资源。菠萝蜜属的属名*Artocarpus*来源于希腊文artos（面包）和karpos（果实），就是面包的意思。成熟的菠萝蜜果肉含糖量很高，晾干后耐储存，因其富含大量蛋白质，轻便又富含营养，所以常常被作为干粮；此外，菠萝蜜种子富含淀粉，煮后味如板栗，种子磨粉可以用于面包烘焙。现代营养学研究也证实，菠萝蜜的热量几乎与米、面相近，是南方的特色杂粮，是热带地区用途广泛的果粮兼用资源，也常被称为热带地区的"树上粮仓"。

　　菠萝蜜原产于印度南部，多分布于东南亚国家，主产国为印度、孟加拉国、泰国及马来西亚等。我国引种栽培菠萝蜜至今已有一千多年的历史，目前我国热带、南亚热带地区均有种植，实生群体性状变异大，资源丰富，果实味甜而香气浓郁，富含糖分及维生素C等，可食率达40%左右。可食部分每100克含碳水化合物24.1克，同时富含钙、磷、铁等元素。有止渴、通乳、补中益气的功效，营养价值高，享有"热带水果皇后"的美称，吃后唇齿留香，也有

"齿留香"之称。果实除作鲜果直接生食外，还可制作糕点、果脯、脆片、饮料等，未成熟果可作各种菜肴的配料；种子富含淀粉，可作为粮食的补充，是南方的"木本粮食"；此外，菠萝蜜木材木质细密、色泽鲜黄、纹理美观，是优质的家具用材。

菠萝蜜属热带作物，高10～15米，树冠圆头形或圆锥形。定植后3～5年便可收获，第6年进入盛果期。目前，我国菠萝蜜产区主要分布在海南、广东、广西和云南等省（自治区），以海南、广东等地种植最多。据不完全统计，1999年我国菠萝蜜种植面积约2万亩，近20多年来，菠萝蜜生产发展迅速，种植面积以每年15%以上的速度增长，并在一些优势产区出现了规模化商业种植，至2022年底我国菠萝蜜种植面积达50多万亩，其中海南种植面积和产量分别居第一位，主要栽培品种为马来西亚1号（琼引1号），以及近年引进选育的泰八（琼引8号）、自主选育的香蜜17号等，种植总面积30多万亩；广东种植10多万亩，主要以常有菠萝蜜及四季菠萝蜜品种为主；云南南部的西双版纳、红河等地区菠萝蜜产业也发展迅速，种植面积达5万～6万亩；广西种植面积与云南差不多，在南部的热带地区迅速推广；其他省区种植面积达2万亩左右。年总产量达30万吨以上，农业总产值40多亿元。

目前，我国热带地区特色高效农业和农村发展，面临增收致富、农业产业转型及农民增收渠道不多等问题。菠萝蜜种植方式灵活多样，栽培管理粗生易管，无论山地、丘陵、平原或沿海地区，以及房前屋后、村庄边缘、公路两旁等，均可栽培，也是绿化美化乡村、发展庭院经济的好资源。我国海南、广东湛江等地，群众喜欢在庭院种植菠萝蜜。吃 10 ～ 12 个菠萝蜜果苞，就能填饱肚子，当地自古就有种植菠萝蜜以防灾荒年的传统。大力发展菠萝蜜产业，无论是从丰富人民群众的"果篮子"角度还是从城市和农村绿化角度，或是从粮食安全的角度来看，都具有重要的现实意义。

大力发展菠萝蜜产业，贯彻落实中央一号文件中"构建多元化食物供给体系。树立大食物观，加快构建粮经饲统筹、农林牧渔结合、植物动物微生物并举的多元化食物供给体系，分领域制定实施方案"等部署；符合农业农村部《"十四五"全国农业农村科技发展规划》中"加快园艺作物智能标准化生产、热带作物和大田经济作物绿色优质生产等轻简化、机械化、规模化、标准化技术集成与大面积示范应用"的规划要求。菠萝蜜是特色的热带果树，也是热带木本粮食作物，产业发展及销售量正逐年呈递增趋势，经济价值高，具有很好的开发潜力和市场前景，有望成为乡村振兴、产业发展的可选新产业。

本书由中国热带农业科学院香料饮料研究所主编，吴刚、伍宝朵负责菠萝蜜生物学特性、品种分类、种植技术等章节的编写；苏兰茜博士负责菠萝蜜种苗繁育技术、种植技术等章节的编写；孟倩倩博士负责菠萝蜜病虫害防治章节的编写；贺书珍、徐飞副研究员负责菠萝蜜收获和加工章节的编写，其他人员参加了编写和统稿。本书的编写，所参考的资料是国内外研究成果与实践经验总结，也有本所最新研究成果。本书对加快我国菠萝蜜产业科技进步、农业增效、农民增收以及产业可持续发展均具有重要指导作用。

本书系统介绍了热带果树菠萝蜜的发展历史、生物学特性、主要品种、繁育技术、种植技术、病虫害防治及加工等基本知识，具有技术性和实用操作性强、图文并茂等特点，可为广大热带木本粮食作物种植者、农业科技人员和院校师生查阅使用，对指导我国发展菠萝蜜的商品生产具有重要现实意义。本书是在中国热带农业科学院香料饮料研究所系统研究成果并参考国内外同行最新研究进展基础上编写的，编写过程中得到其他有关单位的热情支持，在此谨表诚挚的谢意！由于编者水平所限，不足之处，恳请读者批评指正。

编　者

2023 年 7 月 15 日

Contents

目 录

第一章

概　　述

第一节　菠萝蜜的起源与传播

菠萝蜜（*Artocarpus heterophyllus* Lam.）是特色热带水果，*Artocarpus*一词来源于希腊语中的artos（面包）和carpos（果实），也是特色热带木本粮食作物，素有"热带珍果"之称。

菠萝蜜全身都是宝。菠萝蜜果实中含有丰富的糖分和蛋白质，果肉芳香味甜、营养价值高，富含糖分及维生素C等，果实可食率40%左右。可食部分每100克含碳水化合物24.1克，同时富含钙、磷、铁等元素，有止渴、通乳、补中益气的功效。菠萝蜜种子平均粒重约10克，一个果实通常有百颗种子，种子富含淀粉，煮食或炒食，味香如芋；单株年可产种子30千克，亩*产400千克左右，几乎达到主要粮食作物亩产量的一半，可作粮食代用品，是南方的"木本粮食"果树，对"备荒"有一定作用。未成熟果实可作蔬菜，储藏发酵后又是上等猪饲料；成熟果实除作鲜食外，还可制成果干、果汁、果酱、果酒、蜜饯等食品。树干心材坚硬黄色，纹理细致、美观，耐腐，加工容易，是做高档家具的好材料。树根可制珍贵木雕。木屑可作黄色染料。树叶、果皮可作畜、鱼的饲料。树液可治溃疡及胶着陶器。

菠萝蜜原产于印度热带雨林，然后传播到邻近的斯里兰卡、孟加拉国、缅甸、尼泊尔、泰国、马来西亚、老挝、柬埔寨、越南、印度尼西亚、菲律宾及中国的南部地区。17世纪中期到19世纪后期，菠萝蜜从亚洲传播至热带非洲国家，特别是东部的肯尼亚、乌干达和马达加斯加，毛里求斯也有种植。之后该物种进一步传播到美洲的巴西、苏里南、加勒比海、哥斯达黎加和澳大利亚的热带地区。美国南部的佛罗里达、夏威夷和澳大利亚昆士兰少量种植。现在赤道南北纬30°间的热带、亚热带中低海拔地区都有种植。

我国栽培菠萝蜜至今已有一千多年的历史，现海南、广东、广西、云南、福建、台湾和四川南部的热带、南亚热带地区均有栽培，以海南省种植最多。《隋书·四夷传》中载："百济有异树，名波罗婆"，"波罗婆"指的就是菠萝

---

*　亩为非法定计量单位。15亩＝1公顷。——编者注

1

蜜，可见菠萝蜜在隋唐时期之前就传入中国，至今已有1 400年左右的历史，但当时种植发展缓慢，规模亦十分有限。元明清时期，菠萝蜜开始大范围传入中国境内，种植面积大幅度增加，受地理和气候因素制约，仅限于南方热带、亚热带的少数几个省份种植成功。当时的地方志、植物药书、综合性农书及一些诗歌均可为证。中国最早详细记录菠萝蜜的是明代马欢，他和郑和一起下西洋，后著书《瀛涯胜览-占城篇》，提到了菠萝蜜："其波罗蜜如冬瓜之樣，外皮似川荔枝，皮内有鸡子大块黄肉，味如蜜。中有子如腰子，炒吃味如栗子。"明朝李时珍在《本草纲目》中记载：菠萝蜜生交趾南番诸国，今岭南、滇南亦有之。内肉层叠如桔，食之味至甜美如蜜，香气满室，甘香微酸，止渴解烦，醒酒益气，令人悦泽，核中仁，补中益气，令人不饥轻健。据正德《琼台志》所记："波罗蜜树自萧梁时西域司空携二枚栽于南海神庙……他处皆自此分布。""菠萝蜜有干、湿苞二种。剖之若蜜。其香满室。出临高者佳。间有根结地裂香出尤美。"这说明，海南引种菠萝蜜至少有500年以上。

菠萝蜜是海南特色的果树品种，当地常称为"包蜜"，《海南省志·农业志》介绍，菠萝蜜主要分布在琼山、文昌、屯昌、澄迈、定安等红土地区，如今已遍及全岛，从海拔1米到1 300多米的地方都有种植。在1999年以前，海南的菠萝蜜种植以零星、房前屋后自发种植为主。其中不乏很多优异的单株，品质优，产量高，有的株产可达上千斤*，这些也是实生选育自主品种的基因库（图1-1至图1-3）。

图1-1　菠萝蜜结果树

---

*　斤为非法定计量单位。1斤＝0.5千克。——编者注

图1-2　菠萝蜜结果树

图1-3　菠萝蜜结果树

　　自1999年始，海南农垦儋州西联农场从马来西亚、泰国引进菠萝蜜品种进行试种，并从中筛选出适于本地栽培的马来西亚1号品种（琼引1号），它具有栽种18个月便可挂果、产量高、果大肉厚且四季挂果等优点。自此我国菠萝蜜的标准化、规模化种植迅速推广，首先以西联农场为中心辐射儋州市周边及农场栽培，西联农场种植该品种的面积达5 000亩以上，已进入盛产期，经济效益显著。以该农场为中心，呈辐射分布在海南东和、东升、岭头、新中、红明、南金、三道等国营农场，南金农场以打造中国最大的优质万亩菠萝蜜产业核心基地，从标准化种植、产地集散、产品加工等完善产业链创新，提升产业价值，截至2022年底该场已种植菠萝蜜上万亩。由于该品种见效快，盛产期亩产值达近万元，深受群众欢迎，万宁、琼海、文昌等市县的农民大量垦荒种植，或在槟榔园、胡椒园间作马来西亚菠萝蜜。近年海南也逐步推广种植从泰国、越南等地引进的泰8、泰12等菠萝蜜，认定的品种有海南省农业科学院琼引8号（原用名，泰8）；此外也有热科院香饮所自主选育的香蜜17号菠萝蜜，促进菠萝蜜多元化、差异化品种的推广与传播。

　　菠萝蜜种植管理粗放，对地力要求不严，植地由过去种植在房前屋后、村庄边缘，扩展到公路两旁的行道、山坡林带和集中连片标准化、规模化种植，成为我国热区发展速度最快，种植最普遍的热带果树之一。一般在乡村的房前屋后或道路两旁或防护林种植，可分散栽培或成片种植。新品种引进后，种植3~5年便可收获，第6年进入盛果期，平均单株结果30~100个，单果重10~20千克，为投资少、见效快的热带果树。自2007年以后，广东省茂名、高州、阳东等地区菠萝蜜产业发展迅速，建立了多个菠萝蜜栽培示范基地，主栽品种为常有菠萝蜜及四季菠萝蜜等。海南、广东菠萝蜜产业发展迅速，并涌现出一批菠萝蜜产业公司、种植致富户，如海南农垦南金农场、海南琼海东升农场、海南保亭三道赤道张府种养专业合作社、广东高州市华丰无公害果场等。

据不完全统计，目前我国菠萝蜜种植面积达50多万亩，其中海南省菠萝蜜种植面积达30多万亩，随着我国旅游业的发展及人民生活水平的提高，对特色水果要求已日趋多样化，市场对菠萝蜜的需求越来越大，特别是鲜果芳香味甜，很多游客甚是喜欢，销量有逐年增长的趋势，我国仍需要从泰国、越南等东南亚国家进口。据进出口数据统计，2022年我国进口菠萝蜜鲜果20万吨以上，因此，发展本土菠萝蜜产业具有很大的市场潜力。在我国热带、南亚热带地区，适当发展菠萝蜜产业，既可满足市场需求，也可为热区提供一条致富之路。

第二节　菠萝蜜种植与消费现状

一、世界菠萝蜜种植与消费现状

1.世界菠萝蜜种植现状

菠萝蜜在世界热带、亚热带地区均有种植，广泛分布在亚洲热带地区，主产国有印度、孟加拉国、马来西亚、印度尼西亚、越南、斯里兰卡、菲律宾等；东非的肯尼亚、坦桑尼亚，美洲的巴西、牙买加及美国佛罗里达州南部、夏威夷也有少量种植。由于菠萝蜜是小宗特色水果，一直未被充分开发利用，目前从联合国粮食及农业组织以及主产国仍没有可靠的统计数据。根据国外菠萝蜜研究学者Amrik和Haq从各主产国收集的部分资料统计，全世界菠萝蜜种植面积约400万亩，印度为世界最大的菠萝蜜生产国，其次是孟加拉国。菠萝蜜是南亚备受推崇的重要木本粮果作物，在印度，菠萝蜜常被称为吉祥水果，现今在原产地还保存有记载树龄500年以上的古树（图1-4）。在孟加拉国把菠萝蜜列为"国果"，斯里兰卡人亲切地称菠萝蜜树为"大米树"，资料显示菠萝蜜多次让印度、孟加拉国、斯里兰卡等主产国避免粮食短缺危机，特别是2020年受新冠疫情影响，菠萝蜜更彰显其在粮食危机时的重要性。世界菠萝蜜鲜果年产量多以供应生产地区本国市场为主，进出口贸易20%左右，加工量不足生产总量的20%，中国、越南、泰国、马来西亚为加工菠萝蜜产品主要生产国，产品多供应欧美国家及日本、韩国等。

图1-4　500年以上的菠萝蜜树

表1-1　世界菠萝蜜种植面积和产量

序号	国家	面积（千公顷）	总产量（千吨）	单产（吨/公顷）
1	印度	102	1 436.00	14.08
2	孟加拉国（2013）	79	1 352.00	17.11
3	泰国	37.00	392.00	10.59
4	中国（2021）	33	300.00	9.09
5	越南	30	250.00	8.30
6	菲律宾	13.00	67.00	5.15
7	马来西亚（2021）	4.67	35.80	7.66
8	斯里兰卡	4.50	**	**
9	印度尼西亚	3.00	34.00	11.33
10	尼泊尔	1.60	18.97	11.86

来源：Amrik（2012），Haq（2006），Mondal（2013），苏兰茜（2019）。

在马来西亚、越南和泰国等国家的部分地区有一定的规模化种植,但印度、尼泊尔、印度尼西亚、斯里兰卡和孟加拉国等国家,大都是零星、粗放种植,且以庭院种植为主。大部分种植主体是分散的小农户,大多不使用化肥和农药,甚至不需要灌溉。传统的栽培品种和生产技术一般一年一次果实成熟。由于不同的地区和品种的差异,从11月中旬延续至次年2月中旬都有开花,果实上市时间从3月起至8月。由于优良种苗和栽培技术的缺乏,菠萝蜜的商业栽培仍处于初级阶段。很多主产国的菠萝蜜种苗一般都是通过种子繁育而成,需要8~10年才能开花结果,前期投入时间太长。劳动力支出以家庭为主,主要用于种植、修剪和收获。菠萝蜜种植户以每棵树价格在8~20美元不等出售给中间商,按每公顷100株计,一个盛产期的菠萝蜜种植园每公顷可以获取1 500美元,农民得到的是净利润。而收获、运输和营销也是由中间商安排,他们决定了果品市场价格,农户在谈判过程中处于弱势地位。中间商经过产地集散到周边各个城市的超市、水果店,溢价一般为收购价的1倍,销地零售环节一般是剖开保鲜销售,卖给各个家庭群体。粗略统计,生产种植、产地集散、销地零售环节价值链差不多各占了1/3,比如生产种植端销售4元/千克,产地集散之后变成8元/千克,零售环节为12元/千克。

总体来说,世界菠萝蜜主产区种植环节组织化程度不高,易受异常天气影响,栽培技术薄弱,商品化和标准化水平低,产区价格周期波动,流通链条复杂、效率低,利润大幅波动,进而导致整个价值链利益出现损失。

在菠萝蜜的主产区也出现一些产地加工企业,越南、泰国和马来西亚相对起步领先一些。此外,还有来自泰国的一些初加工产品如果干、脆片、菠萝蜜糖、薄饼等也是经国内企业简单加工包装后上市。对菠萝蜜进行加工销售,延伸了产业链,其经济效益要比直接销售鲜果高得多。而且,经过加工的菠萝蜜携带方便、产品竞争力提高,能获取常规销售3~5倍的利润。

2.世界菠萝蜜消费现状

由于菠萝蜜属于小宗水果类,果大、重,不方便运输,大部分以加工产品或半成品进出口,少部分是鲜果进出口。相关文献分析数据,主要的出口国有:越南、马来西亚、印度、泰国、斯里兰卡、孟加拉国、哥伦比亚、乌干达、牙买加、肯尼亚;主要的进口国家和地区:英国、日本、美国、韩国、中国、加拿大、俄罗斯、东盟、欧盟、中东和北非等市场。

当前,越南是世界上菠萝蜜加工产品的最大出口国,将菠萝蜜加工成脆片、果脯、果干等,打入美国、中国、日本和韩国市场,成为深受消费者喜爱的特色休闲食品,经济效益显著。马来西亚菠萝蜜鲜果市场发展迅速,开发初加工保鲜技术,延长了新鲜菠萝蜜保质期,加工的鲜果远销欧洲、中东、英美等国家和地区。

目前，印度、马来西亚、泰国、孟加拉国、斯里兰卡、乌干达、牙买加、肯尼亚和哥伦比亚，都有出口菠萝蜜到欧洲市场，消费市场潜力巨大。斯里兰卡至少有十余家公司，生产菠萝蜜加工产品，增加其附加值出口欧洲国家。中国是越南、泰国菠萝蜜的主要出口国，根据2018年的数据，泰国共出口菠萝蜜38 709吨，出口额1 467万美元；其中对华出口18 244吨（占比47.13%），出口额813万美元（占比55.45%）。据不完全统计，同时期越南出口中国更多，10多万吨。但2021年和2022年，由于受疫情影响，菠萝蜜运输过程易腐烂，经销商无法承受损失，中国从越南进口菠萝蜜总量急速下降。

二、中国菠萝蜜种植与消费现状

1.中国菠萝蜜种植现状

近年中国菠萝蜜产业发展迅速，据不完全统计，1999年我国菠萝蜜种植面积约2万亩，近20年来，菠萝蜜生产发展迅速，种植面积以每年约15%的速度增长，并在一些优势产区出现了规模化商业种植，出现一些新型职业农民经营主体、大型菠萝蜜种植、加工农场公司，比如海南农垦果蔬集团公司有1万亩菠萝蜜种植园、冷链运输及菠萝蜜加工公司。至2022年底我国菠萝蜜种植面积约50万亩，其中海南种植面积和产量分别列居第一位，主栽品种为琼引1号、琼引8号品种，种植面积约30万亩；广东湛江地区10万亩，主要以常有菠萝蜜及四季菠萝蜜为主；广西、云南等其他省区10多万亩。年产量达30万吨以上，年产值40亿～50亿元。

由于菠萝蜜栽培分散，果实个头大，且大部分种植主体以小农户为主，家庭经营规模10亩以下的农户数量占比超过80%以上，销售渠道单一，较难形成规模化的销售集散地；产期调节能力差，每年海南、广东菠萝蜜集中在6—8月上市，导致市场价格波动大（收购价格为1～10元/千克），易形成丰产不丰收的局面，种植者的经济利益无法得到保证。近年来，针对菠萝蜜集中上市出现的价格波动幅度较大、产销对接不畅等问题，一些地区也出现了菠萝蜜专业合作社或行业协会，组织经营和产业化取得一定成效。

在主产区的海南，出现了产地加工企业，如海南南国食品实业有限公司、海南春光食品有限公司、海南农垦果蔬集团有限公司、海南兴科热带作物工程技术有限公司等公司研发出菠萝蜜系列加工产品，如果干、脆片、菠萝蜜酸奶、果汁、果酱、果酒等，提高了产品附加值，带动了前端种植经济效益，加工总量占生产总量的15%～20%，但仍需提高。

2.中国菠萝蜜消费概况

传统以来特色水果菠萝蜜在市场上大多在原产地以鲜果的形式消费为主，保质期短，销售价格随产区及季节波动较大。随着近年特色水果产业种植规模的不断扩大，各级有关政府职能部门协调或菠萝蜜专业合作社设立，以及道路运输及通讯的进步，我国菠萝蜜鲜果除产地市场外，年产量的50%～60%还远销北方的大中城市如北京、上海、西安等；一些地区也出现了菠萝蜜专业合作社或行业协会，组织经营和产业化初步取得成效，这些合作社初步与内地的一些销售方、加工企业建立供销关系，在销售信息行情方面较主动，在一定程度上保障了农户的利益。但是大多数合作组织基础条件差，整体实力有限，辐射面小，服务领域窄，功能不健全，生产经营的组织化程度低等问题还需逐步解决。

此外，近年快递行业快速兴起，少部分中小果形的鲜果还以快递的形式邮寄到各地。通过道路运输，路途遥远且需过海峡，由于热带水果南果北运，运输、销售环节时间较长，为保持水果到目的地能正常销售，大多果品在70%～80%成熟度就被采摘，品质很难得到保证，据不完全统计，每年海南菠萝蜜经货车北运内地果实损耗约15%，影响了水果的品质和售价。

中国是越南、泰国菠萝蜜的主要出口国，根据2022年统计的数据，2022年中国进口菠萝蜜21.6万吨，同比增长87%，主要是越南和泰国的红肉菠萝蜜品种，经陆路运输，经广西关口进入。

随着产后处理与加工科技研究工作逐渐受到重视，产区初步具备果肉加工能力，并取得一定的进展。每年5%～10%的菠萝蜜产量经加工企业加工消费，由简单的包装加工，逐步转向鲜果制品果干、果酱、果酒、果脯及饮料加工，形成以终端市场为带动的消费趋势。目前市场上已有部分菠萝蜜的加工产品，主要集中在海南南国食品实业有限公司、海南春光食品有限公司、海南兴科热带作物工程技术有限公司等食品加工企业，产品有果干、脆片、菠萝蜜糖、薄饼等，但是加工能力和规模有限，工艺技术不高，产品质量中等，产业化程度还需不断提升。相对于大宗热带水果产业来说，在菠萝蜜产业中政府发挥引导作用、完善市场体系、配套财税政策、扶持龙头企业等方面力度不足。菠萝蜜产供销一体化、农工贸一体化等体系还不完善，制约产业健康发展。我们有必要加大该领域的科技投入，此外应加大政府政策对从事热带水果加工企业的支持，在优势区域培育农业产业化重点龙头企业，研究开发新的加工形式和新的精深加工产品，缓解一些地方出现的产销矛盾，提高特色水果的附加值，满足人们不同层次的需求。

第三节 菠萝蜜的国内外研究进展

一、菠萝蜜资源品种及配套繁育技术

国外开展菠萝蜜的选育种研究相对较早。国际植物遗传资源研究所（IPGRI）在2000年发布了菠萝蜜种质资源性状描述符。近年来，马来西亚、泰国、印度尼西亚、澳大利亚和印度等主产国自主选育出多个菠萝蜜优良品种，如印度的NJT1、NJT2等，马来西亚的J-30、J-31和NS1，泰国的Chompa Gob、Dang Rasimi和Leung Bang，菲律宾的EVIARC Sweet，孟加拉国的BARI Kantha，印度尼西亚的Bali beauty、Tabouey和澳大利亚的Cheena、Black Old等。2007年印度泰米尔纳德农业大学（TNAU）研发出的菠萝蜜品种PLR(J)2味美、质优，是增加当地农民收入的主要品种资源。

我国菠萝蜜栽培有上千年的历史，种质资源丰富。近年来叶春海、范鸿雁、谭乐和等学者也对我国菠萝蜜产区资源进行调查研究，收集保存了一批优异资源，建有菠萝蜜种质资源圃、国家热带植物种质资源库木本粮食种质资源分库等资源保存平台。中国热带农业科学院香料饮料研究所（以下简称"香饮所"）制定了《植物新品种特异性、一致性和稳定性测试指南 木菠萝》《热带作物品种审定规范 第11部分：木菠萝》《热带作物品种试验技术规程 第13部分：木菠萝》等农业行业标准，为新品种选育及品种保护起到积极的推动作用。陆续推出选育的优良品种主要包括，广东省茂名市水果科学研究所选育的常有菠萝蜜、高州华丰无公害果场引进选育的四季菠萝蜜、广东海洋大学选育的海大1号、海大2号、海大3号菠萝蜜等优良品种，海南省农业科学院选育的琼引1号、琼引8号，香饮所选育的香蜜17号菠萝蜜等，为该产业可持续发展提供了品种支持，为热作产业发展增加了新的名优种类。

近十多年来，科研工作者不断通过嫁接、扦插与组织培养等技术方法进行菠萝蜜、尖蜜拉和面包果的繁殖技术研究，并取得进展。在菠萝蜜方面，陈广全等熟化了菠萝蜜嫁接繁育技术，陆玉英等突破了菠萝蜜一叶一芽绿枝扦插繁育技术，谭乐和等研究制定了农业行业标准《木菠萝 种苗》（NY/T 1473—2007），为我国菠萝蜜种苗标准化生产、育繁推一体化提供了成熟配套的技术支撑。

二、高效栽培及病虫害防控

国内外在栽培模式、修剪、促花、疏果、采收等方面研究提出了科学的管

理措施；一些种植园尝试进行菠萝蜜园间种香蕉、菠萝、番木瓜、花生、黄姜等生育期较短的作物。在菲律宾，菠萝蜜可与椰子间作，也可与榴莲、芒果及柑橘类果树间作。研究表明菠萝蜜与其他作物混作能显著提高根际固氮酶活性。香饮所科研团队初步形成了果后修剪＋水肥调控的菠萝蜜花期调节技术。

在营养特性和施肥技术方面也取得进展。国外学者对部分菠萝蜜栽培区进行了施肥管理调查，发现只有少部分的种植户在菠萝蜜栽培过程中施用有机肥，仅占调查对象的20%左右，且多采取一次性施用70～80千克/株的牛粪，其余的种植户没有明确的施肥管理经验。施用蝙蝠粪肥显著增加了菠萝蜜的生长量。当硼肥施用量为15克/株时，能显著减少菠萝蜜畸形果的数量。美国佛罗里达州菠萝蜜的参考施肥量介绍了一年生幼树可每2个月施复合肥(6-6-6) 110～220克/次，施用量逐年增加，同时叶面补施微量元素。国内学者研究提出，菠萝蜜幼树定植后"一梢二肥"（促梢肥和壮梢肥），促梢肥施用尿素20克，壮梢肥施用复合肥20克和硫酸钾15克，并逐年增加施肥量。也有学者提出，一年生菠萝蜜幼树应采用"一梢一肥"（攻梢肥），每次施用尿素50～70克，沟施绿肥和过磷酸钙0.5千克；二年生幼树施用尿素100克，沟施绿肥和过磷酸钙0.5千克，并逐年增加施肥量。香饮所科研团队研究高产果园土壤、叶片养分特征，制定出叶片营养诊断技术，初步形成了菠萝蜜全生育期施肥方法；开展有机无机肥配施对菠萝蜜促生增产研究，揭示了增施有机肥驱动有益生物互作网络实现土壤生态系统功能调控的作用机制，并制定了农业行业标准《菠萝蜜栽培技术规程》，"菠萝蜜高效栽培技术"获2022年海南省农业主推技术，《菠萝蜜高效生产技术》《菠萝蜜栽培技术》《菠萝蜜种植与加工技术》等著作，较为系统地总结了菠萝蜜的栽培管理技术，技术性和实用操作性强，对指导我国菠萝蜜科学高效栽培起到了积极推动作用。

目前，菠萝蜜病虫害一般零星发生，国内外关于菠萝蜜病虫害防治的报道较少。国外已报道的危害菠萝蜜的病害20多种、虫害35种。其中最主要的病害是由壳针孢属病菌引起的叶斑病、棕榈疫霉病、锈病等。近5年来，海南省农业科学院范鸿雁、香饮所孟倩倩、高圣风等研究调查发现，目前危害我国菠萝蜜的主要病害包括，锈病、裂皮病、蒂腐病、花果软腐病等；主要虫害包括，榕八星天牛、黄翅绢野螟等；此外，发现危害菠萝蜜的新病害和新虫害，分别是由帚梗柱孢霉引起的菠萝蜜果腐病和对菠萝蜜叶片、嫩梢造成严重危害的素背肘隆蠹。病虫害发生严重时，果实受害率达30%～40%。在此基础上，热科院香饮所的科研人员针对病虫害发生规律和流行趋势，做到定期监测及时发现并清除病虫源，并制定农业行业标准《热带作物主要病虫害防治技术规程 木菠萝》，编制海南省地方标准《菠萝蜜主要病虫害防治技术规程》，为主要病虫害标准化防控、丰产稳产提供了技术支撑。

目前海南、广东等地的菠萝蜜生产基地虽已出现部分集中成片栽培，但仍存在主要病虫害生态型防控技术落后等现状，主要以农业防治和化学防治为主，缺乏有效的绿色综合防控技术，防治技术落后。另外，由于对主要病虫害生物学习性不清，发生规律不明，缺乏系统研究，在化学药剂使用上频用、滥用，易造成病虫害抗药性发展较快，环境污染严重、杀死天敌等有益生物等问题。同时由于缺乏能正确指导种植户科学栽培的技术人员，菠萝蜜生产技术服务的供给能力与种植户的需求差距较大，种植户接受技术培训远远不够，生产相对滞后于科研。

三、果实精深加工及综合利用

随着采后处理与加工科技研究工作逐渐受到重视，产区逐步具备果肉加工能力，并取得一定的进展。每年产量10%左右的菠萝蜜经企业加工而后被人们消费，由简易的包装加工，逐步转向鲜果制品果干、果酱、果酒、果脯及饮料精深加工，形成以终端市场为带动的消费趋势。目前市场上已有部分菠萝蜜的加工产品，主要集中在海南、广东食品加工企业，产品有果干、脆片、菠萝蜜糖、薄饼、果酒、饮料等。香饮所在菠萝蜜产品技术研发方面延伸了产业链，获授权发明专利《一种菠萝蜜糖果的制作方法》《一种菠萝蜜果酱及其制作方法》等10余项；开发了菠萝蜜系列产品，提高了产品附加值；在菠萝蜜果肉多糖、种子淀粉的结构、加工特性与功能活性评价等方面开展研究并取得重要进展，填补了国内外菠萝蜜在多糖和淀粉研究领域的多项空白，其中菠萝蜜多糖调节肠道微生物和种子淀粉的消化特性与结构的相互关系是国际前沿研究，为下一步深度开发利用功能性产品奠定了理论基础。

近年来，一些科研工作者也不断进行品种、生产技术和加工利用等菠萝蜜全产业链关键技术研究，取得系列研究成果。由谭乐和主编的《菠萝蜜高效生产技术》《菠萝蜜栽培技术》《菠萝蜜种植与加工技术》《菠萝蜜 面包果 尖蜜拉栽培与加工》，由范鸿雁主编的《菠萝蜜高产栽培技术》，叶春海主编《中国果树科学与实践 波罗蜜 莲雾 毛叶枣》全面系统地总结了菠萝蜜栽培管理与加工技术等，实用操作性强，对指导我国热带果树菠萝蜜的产业化发展具有重要意义。科技成果"菠萝蜜产业配套加工关键技术及系列新产品研发"荣获海南省科学技术进步二等奖，为当前菠萝蜜规范化生产、标准化加工提供最新的成熟配套技术支撑，提高产品科技含量与附加值，延伸产业链，对发展海南特色旅游和特色产品大有裨益。对促进热区农业增效具有重要意义，对我国乃至世界热区菠萝蜜产业起到辐射带动作用。

第二章 ● ● ●

菠萝蜜的生物学特性

菠萝蜜为桑科木菠萝属常绿果树，自然生长高度可达10～15米，树冠圆头形或圆锥形，生产中常修剪矮化控制在5米高左右。一般植后3～4年便可收获，5～6年进入盛果期。菠萝蜜属热带、亚热带植物，高温多雨的环境有利于植株生长和果实发育。了解菠萝蜜的主要生物学特性，有助于制定相应的栽培管理措施，促进果树健康生产。

第一节　形态特征

一、植株

菠萝蜜是一种多年生的典型热带果树。树龄可长达几十年。菠萝蜜树形容易识别，树形大、树干可高达25米，通常高10～15米。幼龄树树皮光滑，呈灰白色，成年树树皮灰褐色。菠萝蜜小枝条圆柱形，嫩枝有短茸毛，成熟枝光滑，有许多皮孔和环状的斑痕。枝条质脆，不抗风。幼树折断或切断主干后则能萌发强大的侧枝，构成矮化圆形的树冠（图2-1）。菠萝蜜树有强大的中央主

图2-1　菠萝蜜树形

干，有许多树叉，低分枝，树干直径可达80厘米，树叶繁茂，是我国南方优良的庭院果树品种之一。

菠萝蜜树干大、挺拔，主要靠强大的根系支撑。其根系是由主根和侧根组成，主根明显（图2-2）。因此，菠萝蜜可以种植在水位较低的地方。靠根端根毛吸取所需的水分和养分。老树常有板根。裸露地表的侧根、主根上有时也能萌生花序并结果。

图2-2　菠萝蜜根系

二、叶

菠萝蜜叶片属单生叶，互生交叉重叠。叶革质，椭圆形或倒卵形，长7～15厘米，宽3～7厘米。先端尖、基部楔形。叶全缘。叶面和叶背的颜色略不同。叶表面光滑，绿色或浓绿色；叶背面粗糙，叶色淡绿（图2-3）。幼树及萌枝的叶常1～3裂，无毛。侧脉6～8对。叶柄长1～3厘米，披平伏柔毛或无毛。叶柄槽深或浅。幼芽有盾状托叶包裹，托叶脱落后，在枝条上留下环状的托叶痕。

图2-3 菠萝蜜叶片

三、花

菠萝蜜花序着生树干或枝条上，雌雄同株异花。

雄花序顶生或腋生，棒状，细而长，长5～7厘米，直径2.5厘米（图2-4）。在棒状花序轴上四周长满密集的雄花。雄花很小，长不及3毫米，其结构简单，只有2片合生的花被和1枚雄蕊（图2-5）。开花时，花丝伸长将白色花药推出花序的外围，花药椭圆形。花很小，淡黄绿色，散发出淡淡的甜香味，吸引传粉昆虫。如果不留意，觉察不出它在开花。

图2-4 雄花序

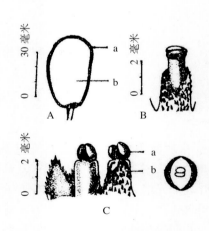

图2-5 雄花序结构图
A.雄花序纵剖面 a.雄花 b.花序轴
B、C.雄花 a.雄蕊 b.花被

雌花序生于主干或主枝上，偶有从近地表面的侧根上长出，也呈棒状（图2-6），雌花序柄比雄花序柄粗，且个头比雄花序略大。幼小雌花序深藏在佛焰苞托叶内。雌花也很小、管状，数千朵雌花聚生于肉质的雌花序轴上。雌花的花被绿色、坚硬，多角形，花被合生成管状。各枚花被管的下半部彼此合生，子房包藏于花被管的基部，很小，卵形，一室，内有一顶生胚珠；花柱细长，开花时穿过花被管伸到花序的外围（图2-7）。雌花序开放后，一般在4～6天伸出有大量的柱头，柱头的活性持续1～2天，雌花开放时也会散发出雄花序类似的香味，通常一个雌花序有上千朵小雌花，多的有5 000～6 000朵，有些菠萝蜜品种雌花开放相对集中，有些品种雌花分批开放，而能授精发育成为果苞的数量在150～300朵之间，成果授粉率10%左右。

图2-6　雌花序

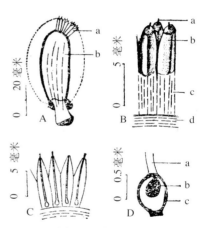

图2-7　雌花序结构

A.雌花序纵剖面 a.雌花 b.花序轴
B.雌花 a.花柱 b.花被管 c.花被管合生部分
d.花序轴
C.雌花剖面，表示花被管和雌蕊
D.雌蕊(部分) a.花柱(部分) b.胚珠 c.子房

四、果实与种子

菠萝蜜开花后4～5个月，果实才会成熟。菠萝蜜经风媒或虫媒授粉后，子房和花被迅速增大，形成果实。菠萝蜜果实是由整个花序发育而成的聚花果（复合果），椭圆形。一般果实长25～50厘米，横径25～50厘米，平均果重10～20千克，最大的可达40千克以上。果实表面有无数六角形的锥状突起，形似牛胃，所以在云南、四川等地称之为"牛肚子果"。又因其外形似菠萝，且长在树上，故又称之为木菠萝、树菠萝或大树菠萝。

菠萝蜜果实中间有肥厚肉质的花序轴，四周长满许多椭圆果苞和无数的白色扁长带片(图2-8)。果苞多为鲜黄色，偶有橙红色或黄白色（图2-9）。受精的花发育成果苞（为食用部分）。当子房增大时，子房外面的花被变成肥厚的肉质，而那些扁长带片就是未受精或受精不完全的雌花被，也称为腱、筋或丝。果苞与带片相间而生。整个聚花果的外皮厚约1厘米，是由各枚花被管原生部位发育成的。外果皮上每一个六角形突起即为一朵花的范围。

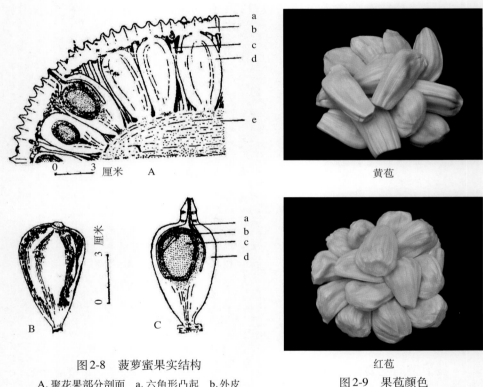

图2-8　菠萝蜜果实结构

A.聚花果部分剖面　a.六角形凸起　b.外皮
c.扁长形带片（不育花）　d.果苞（结实花）
B.果苞
C.果苞剖面　a.花柱　b.果皮　c.种子　d.花被

黄苞

红苞
图2-9　果苞颜色

我们食用的菠萝蜜果肉，实际是它的雌花花被。每一个果苞（瘦果）中含有一粒种子，扁圆而尖，多为肾形，也有圆筒形或圆锥形，这些特征也可以作为鉴别不同品种的依据。子房壁发育成瘦果的果皮，包裹着种子。

　　种子的种脐和孔侧生，无胚乳。种皮有两层。外种皮呈膜状白色，湿苞菠
萝蜜外种皮软，不易与种子分离。内种皮呈黄褐色或浅棕黄色，有不规则纹
脉。子叶2片，一般一大一小，少有等分者(图2-10)。子叶肥厚，富含淀粉。
平均单粒种子鲜重为6.0 ～ 10.0克。菠萝蜜种子绝大多数为单胚，仅个别为
多胚。

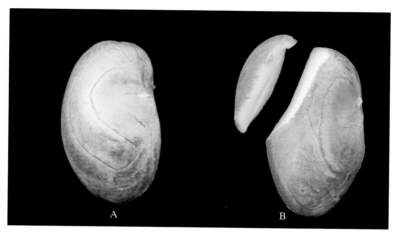

图2-10　种子

A. 种子外形
B. 两片子叶剥离时的种子

第二节　开花传粉与结果习性

　　菠萝蜜雄花开放时，伸长的花丝将花药推出花序外围，在授粉昆虫（瘿
蚊、果蝇）或风的作用下传粉到雌花花柱上，雌花柱头活性保持1 ～ 2天，完
成授粉受精。

　　菠萝蜜的主要传粉者为一种瘿蚊，属双翅目长角亚目瘿蚊科，体型较小，
身体纤弱，为长角亚目（蚊类）昆虫中个头较小的类群之一，瘿蚊由于幼虫在
植物叶子上取食，形成虫瘿，故名瘿蚊。这种瘿蚊受到菠萝蜜花序散发出的香
气的吸引，会在雌雄花之间来回拜访，从而将花粉带到柱头上，完成传粉。研
究发现，菠萝蜜依靠气味吸引瘿蚊，但雌花和雄花的气味几乎一致。然而，雌
花不具备食物回报，相当于菠萝蜜利用一种欺骗手段，将传粉的瘿蚊诱骗到雌
花之上。不过，雄花序给瘿蚊带来回报，传粉后期，雄花序开始感染一种真菌
（*Rhizopus artocarpi*，毛霉科根霉属），花序开始出现腐败。雌雄瘿蚊在真菌感

染的腐败雄花序上取食、交配(图2-11至图2-13),然后雌性瘿蚊将卵产于雄性花序之中,幼虫孵化后以真菌菌丝为食,直到长肥,即将化蛹。即将化蛹的幼虫钻出雄花,掉落在枯枝落叶中,化为虫蛹,直到下一次菠萝蜜开花,又来拜访花朵,为其传粉。完成自己生命周期的同时,也帮助菠萝蜜完成授粉。瘿蚊在拜访不同花序的时候,同时帮助真菌传播,感染下一个雄花序,雌性花序较少感染,或者在成熟落地后会感染。菠萝蜜、瘿蚊和真菌,通过密切的配合,互惠合作,彼此完成生殖和繁衍。

不过,在不同的地方,菠萝蜜的传粉者还存着另外一些情况,在感染真菌的菠萝蜜雄花序上也发现了果蝇(图2-14),在雌雄花序上长时间停留或作为交配产卵地,不知不觉也起到传粉的功能。也有一些科学家认为菠萝蜜是靠风和昆虫混合传粉。

图2-11　瘿蚊在雄花序上(前期)

图2-12　瘿蚊在雄花序上(后期)

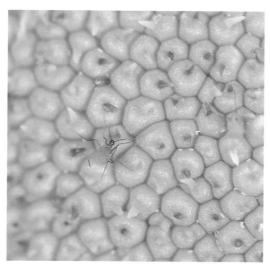

图2-13　瘿蚊在雌花序上　　　　　　　图2-14　果蝇在雄花序上

在海南，由于种植地区不同和菠萝蜜品种的差异，从11月底延续至次年2月中旬都有开花，在万宁地区大多数菠萝蜜树于1—2月萌发花芽。一般雄花先开，雌花后开。6月下旬果实成熟。果实生长发育期100～120天，在同一株树上，每个果实成熟期也不一致。早开花早成熟，迟开花迟成熟。不同品种间也有差异。早熟品种1月开花，6月上旬成熟；迟熟品种4月上旬开花，7月下旬成熟。有一些品种、单株，有开两次花、结两造果的习性，常称为四季菠萝蜜。即2月上旬开花、5月下旬成熟和7—8月开花、11—12月成熟。即所谓大春果和小春果（二造果）。个别四季菠萝蜜品种开花结果习性不稳定，即有些年份有两造果，有些年份为单造果。但如果摘掉幼果，就能第二次开花，结小春果；如果留熟果多（留在树上生理成熟），便不能结小春果。这种现象，从植株营养物质的积累和消耗来分析是有一定道理的。根据在海南的观察，纬度越向南，开花结果时间越早，如海南的主栽品种马来西亚1号（琼引1号），在海南乐东、保亭等地区，第一批菠萝蜜果实在3月中下旬便可开始陆续采摘上市，而文昌、琼海一带一般果实要5月、6月才开始成熟。由于海南各地纬度以及小气候条件不尽相同，果实成熟期也不同，自然四季有果，常年不断供应市场。

根据观察，一株菠萝蜜树上，结果部位多集中在树干及主枝上（图2-15）。至于近地表的侧根上偶尔也能结果。种在村边土壤肥沃、空间较大的壮年菠萝蜜树，生长茂盛，分枝多，侧枝、主枝强大，主枝上挂果往往多于主干上。这说明，强大的主枝是高产树的基础。从花枝类型来看，一般短果穗坐果率高，每一果穗一般3～4个果，结6个果以上的果穗也很常见。长果穗的果柄比较长，最长有60厘米，坐果率低，每果穗一般只有1～2个果，少有3～4个果。但长果穗对果实发育较有利，一般果形端正、丰满，畸形果少。在高产植株中，短果穗占很大比例。

图2-15　菠萝蜜结果树

≪ 第三节　对环境条件的要求 ≫

　　菠萝蜜属热带果树。它们生长发育的地区仅限于热带、南亚热带地区。生长条件受各种环境因素支配与制约，其中主要影响因素有地形、土壤条件和气候条件等。

一、地形

　　海拔高低影响气温、湿度和光照强度。每一种作物都需要有不同的生态条件。地势高度引起的因素变化也导致作物品种的多样性。

　　对于菠萝蜜来说，海拔高度在1～200米的地区是较理想的种植地方。虽然如此，菠萝蜜在热带地区海拔高度1 300米的地方也能生长良好。

二、土壤条件

菠萝蜜对土壤的选择不严格，甚至土壤遭受破坏十分严重的条件下，仍然能存活下来，它是一种抗旱能力较强的果树。菠萝蜜生长的理想土壤是土质疏松、土层深厚肥沃、排水良好的轻沙土壤，这种土壤条件最适合它们生长。在海南，选择丘陵地区的红壤地、黄土地或沙壤土地种植也适宜。

要重视土壤酸碱度（pH）。土壤pH在一定程度会影响土壤养分间的平衡。菠萝蜜可适应的土壤pH为5.0～7.5。可用pH检测仪来检测土壤酸碱度。如果种植区的土壤pH为酸性土，可在土壤中增施生石灰，中和土壤酸度。海南省土壤多为弱酸性，一般定植时每公顷可同时撒施石灰750千克左右。

土壤水位高低至关重要。虽然菠萝蜜跟其他作物一样都需要水分。菠萝蜜只能种在土壤水位1～2米的地区，不能种在沼泽地、排水不好或易淹水的土壤，菠萝蜜树在淹水或排水不畅的土壤条件下，持续2～3天，根极易腐烂并导致树木衰弱至死亡。

总之，要重视种植园土壤酸碱度（pH）及土壤淹水、排水等情况，只要上述主要条件得到满足，菠萝蜜就可以正常生长结果。在海南，选择丘陵地区红壤地、黄土地或沙壤土地种植较适宜。

三、气候条件

影响菠萝蜜生长的气候条件有降水量、光照、温度、湿度、风等。

水是作物进行光合作用的基本条件。菠萝蜜生长过程需要充足的水分，雨水不足时需要灌水，在主产区的海南东南部以及广东的茂名、湛江等地区年平均降水量在1 600毫米以上，其中海南万宁兴隆的年平均降水量可达2 500毫米，菠萝蜜生长良好。海南西南部的东方年降水量在1 000毫米左右，也可种植，但雨水不足时需要灌溉。以年降水量在1 600～2 500毫米且分布均匀为宜。

菠萝蜜和其他作物一样需要阳光，但光照过强一定程度上又会影响其生长，尤其幼苗忌强烈光照。但如果长期在过度荫蔽的环境中生长，由于光照不足，会导致植株直立、分枝少、树冠小，结果少、病虫害多。适当的光照对植株生长及开花结果更有利。因此，在栽植时种植密度要适宜，应留有适当的空间，以利于植株对光照的吸收。

湿度在菠萝蜜生长中也起重要作用。在海南、广东，有些年份会遭遇寒流的侵袭或霜冻。根据观察记录，2013年12月至2014年1月底，广东阳江、茂名、高州和化州等地在11月中旬、12月中旬和次年1月中旬连续遭遇3次6～8天不同程度的3～10℃的低温，致使当地菠萝蜜大量落花和落果；海南海口、琼海地区在12月和次年1月也受到2次8～12℃低温的侵袭，这批花果几乎全部掉落或发育的果实不正常。2016年1月底至次年2月底，海南菠萝蜜主产区也遭遇罕见寒害2～3次，每次2～4天、9～18℃低温，海南此时刚好又是菠萝蜜开花和小果发育时期，引起菠萝蜜大量落花和落果，有些局部叶片受寒害而发黑。2020年12月中旬至次年1月底，海南遭遇多年不遇的寒害，北部和中部山区罕见5～10℃低温危害，持续时间长达2个星期左右，在海南北部、东部、西部和中部地区的菠萝蜜种植园，都出现大量落花和落果，乐东、三亚等海南南部地区受影响稍微小些。气温骤然下降幅度过大或日夜温差变化过大都不利于菠萝蜜的花果正常生长发育和品质、风味形成。在南亚热带地区，最冷月平均气温12～15℃，绝对最低温0℃以上，可正常生长结果。

此外，空气湿度和风等气象因子也影响菠萝蜜生长。高湿减少土表蒸发，微风有利于果树传粉。大风甚至台风，会使菠萝蜜叶片大量掉落，枝干折断。因此，规模化种植时，还须考虑营造防风林带。

据调查，凡是种在村边房屋周围的菠萝蜜实生树，生长快、枝叶茂盛，植后7～8年开始结果，早的4～5年就开始结果，嫁接苗2～3年就可结果，且产量高、品质优；而种在沿海沙土地带或远离村庄、荫蔽度大、瘦瘠山坡上的菠萝蜜，则生长慢，长势差，病虫害多，结果迟，产量低，品质劣。针对以上现象，农民常采用施食盐或在树梢熏烟等措施促使菠萝蜜开花结果。笔者认为菠萝蜜对生态环境因素中的土壤是否肥沃、环境是否荫蔽、空气中二氧化碳含量多少、土壤盐分以及其他微量元素多少有关。

第三章 ● ● ●

菠萝蜜分类及其主要品种

第一节　分　　类

一、国内分类

在我国，菠萝蜜分为干苞、湿苞两大类型。所谓干、湿苞，是依据果实种苞的品质、质地和成熟后所含水分划分的。干苞的主要特征：植株生长较慢，结果较迟，果实发育期较长，迟熟，一般大春果要120天以上成熟，果熟时果皮较硬，手压不易陷下，有弹性，不用刀很难剖食，苞与中轴不易分离，苞肉水分少，质地硬结成块、肉质爽脆（故又有硬苞或干苞之称）；瘦果皮革质，包于种子外面；果实生理成熟时香气浓，苞肉味甜而香，食之不厌，但不易消化，民间有干苞性燥热不宜多吃的说法；种子含淀粉量少，熟食香味淡。湿苞的主要特征：植株生长较快，枝叶茂盛，结果较早，果实发育期稍短，一般大春果在100 ~ 120天内成熟，果熟时皮软，手压之易陷下，徒手可以剖食，苞与中轴易分离，树上过熟时，常常整个果实自行脱离中轴坠地，苞肉水分多，质地软滑，味清甜，香味淡，易消化，瘦果皮极薄而松软，与种苞不易分离，种子淀粉含量较高，熟食味香。上述的性状是稳定的，也是鉴别菠萝蜜干、湿苞两大类型的主要依据。

在干、湿苞两大类型中，人们又根据其花期及结果习性分双造菠萝蜜和单造菠萝蜜。双造菠萝蜜花期两次，正造花在立春前后开花，夏至至大暑前后成熟，二造花立秋前后开花，冬至至小寒前后成熟。由于全树花期较长，一年四季有果，被称为四季菠萝蜜，单造菠萝蜜立春开花，夏至至大暑前后成熟，人们认为四季菠萝蜜与气候营养条件有关。因此，有些植株表现性状不稳定，即有些年份为双造果，有些年份为单造果。

苞腱（筋）即不发育的苞，其颜色质地也是人们鉴别菠萝蜜品种的标准。在干、湿苞两大类型中都有黄苞黄腱、红苞白腱、红苞红腱、白苞白腱等颜色。

从树形、果形及植株外表性状上，目前还没有发现明显的、截然可分的界线，人们也普遍不能区分，干、湿苞两大类型共同分布于主要产区。由于长期人工选择的结果，以及人们喜爱不同，有的地区干苞种较多，有的地区湿苞种较多。但在商业栽培上鲜有湿苞品种规模化种植，因其运输极易腐烂，货架期短。

在选择优良母树时，果皮颜色也是入选标准，一般果皮青绿色商品性好，果皮黄色次之，果皮褐色、棕色商品性不好。

总之，在菠萝蜜的两大类型中，其果皮、果肉感官品质、苞腱颜色、开花结果习性是鉴别母株果实品质优劣以及果树丰产性的重要标准，是选种、育种工作中主要观测考察的植物学、农艺学性状。

二、国外分类

国外对菠萝蜜的品种类型分类，与我国相似，基本上也分为两大类型，一类为软肉型（soft flesh，soft jackfruits），另一类为脆肉类（firm flesh，hard jackfruits）。

在不同国家、地区，对菠萝蜜类型又有不同的名称。如泰国称为 kha-nun nang（肉硬）和 kha-nun（肉软）。斯里兰卡称为 varaka 或 waraka（肉硬）和 vela（肉软）。在印度南部，菠萝蜜通常分为两类：（1）koozha pazham，为商业上较为重要的一类，其优质的脆肉被称为 varika；（2）koozha chakka，果苞小、果肉具纤维、软、浓粥状，但非常甜香，商业种植较少。亦有称呼为 kapa 或 kapiya（肉脆）和 berka（肉软、甜）。在孟加拉国，菠萝蜜则分为三种类型：硬肉（hard）、软肉（soft）和中间类型（intermediate 或 adarsha）；在印度尼西亚各地，根据菠萝蜜产地环境、果树树型高低、果实形状大小、果皮、果肉的颜色、口感、肉苞、肉丝（苞腱）可食与否等性状上的异或同，把菠萝蜜品种（或栽培变种）分为 14 个品种。例如，果实外形小的叫"迷你菠萝蜜"（nangka mini）或超级迷你菠萝蜜（nangka mini super）；大果中肉苞像姜黄色的"姜黄菠萝蜜"（nangka kunir）；产自森林边缘的叫"山菠萝蜜"（nangka hutan）；肉厚的叫 nangka kandel，变异种类似尖蜜拉的"尖蜜拉型菠萝蜜"（nangka champedak）等。

综上所述，目前国内外对菠萝蜜品种的分类，还是停留在依据果形、果肉品质等性状来区别，尚未有微观的生物学形态鉴定标准。关于如何更科学地对菠萝蜜进行品种和类型的分类，相关部门正在开展这方面的研究。

第二节　主要品种

在国外，近年来，马来西亚、泰国、印度尼西亚和印度等菠萝蜜主产国陆续推出自主选育的品种。如马来西亚的J-30、J-31和NS1，泰国的Chompa Gob、Dang Rasimi和Leung Bang，印度尼西亚的Bali beauty、Tabouey和澳大利亚的Cheena、Black gold等。印度泰米尔纳德邦农业大学(TNAU)也选育改良了性状表现良好的品种，如Palur-1、PPI、PLR(J)2味道美、品质优、价格高，是增加当地农民收入的主要来源。孟加拉国选育的BARI Kanthal是高产早熟品种，可食率达55%。在国外开展菠萝蜜的选育种研究则较早，也较系统，选育的优良品种较多。

在国内，系统开展菠萝蜜的选育种研究较少，选育的品种不多。但自20世纪90年代以来，国内叶春海、范鸿雁、谭乐和等学者对我国的菠萝蜜资源进行调查研究，收集保存一批优异资源，建有菠萝蜜种质资源圃、国家热带植物种质资源库木本粮食种质资源分库等资源平台。中国热科院香饮所制定了《植物新品种特异性、一致性和稳定性测试指南 木菠萝》《热带作物品种审定规范 第11部分：木菠萝》《热带作物品种试验技术规程 第13部分：木菠萝》等农业行业标准，为品种选育奠定技术标准。广东省茂名市水果科学研究所已选育出常有菠萝蜜品种、高州市华丰无公害果场引进选育的四季菠萝蜜、广东海洋大学选育的海大系列菠萝蜜品种。海南从马来西亚、泰国等热带国家引种的优良品种（系）主要包括：马来西亚1号、马来西亚3号、马来西亚5号、马来西亚6号、泰8、泰12等；热科院香饮所自主选育的香蜜17号、香蜜1号等。我国菠萝蜜产业迅速发展也始于1999年马来西亚1号等引进品种的推广，这些菠萝蜜品种果肉较厚、香甜爽脆，海南省建立多个规模化种植示范基地，经济效益显著。目前马来西亚1号（认定为琼引1号）为海南省菠萝蜜种植的主栽品种，常有菠萝蜜、四季菠萝蜜是广东茂名、高州、阳东等地区的主栽品种。

以下简要介绍国外主要优良品种、国内引种和选育的主要品种及香饮所自主选育的品系和株系。

一、国外主要优良品种

1. J-30

马来西亚选育。生长势强，果实长圆形，单果重7～8千克，果肉深橙黄色，质地硬，风味浓甜，清香，可食率38%，种子约200粒，占果重的10%左右，产量中等，年株产50～60千克，7—8月果实成熟。

2. J-31

马来西亚选育。果形不规则，果实大型，单果重12千克，果肉深黄色，质地硬，风味甜，具有浓郁的香气，可食率36%，产量中等，单株产42～60千克，5—6月成熟。

3. Mastura(CJ-USM 2000)

马来西亚选育。为CJ-1(母本)×CJ-6(父本)的杂交种。单果重40千克，刺钝，成熟时，果肉多汁，风味浓香，一年半开始结果，5年后进入盛产期，年株产可达400～500千克。

4. NS1

马来西亚选育。果肉暗橙黄色，质地硬，风味甜，香气浓郁，可食率34%。

5. Chompa Gob

泰国选育，曾是泰国最好的品种。树冠小、开张伸展，生长速度快，易于通过修剪控制树冠大小在3～3.5米以内，果皮淡绿色至黄色，刺尖锐，成熟时刺变平。果肉橙黄色至深橙黄色，质脆，味香甜，果胶少而易于食用，可食率30%。产量中等，单株产量45～60千克；7—8月成熟。

6. Dang Rasimi

泰国选育。果肉深橙黄色，质地硬，稍甜，有清淡的甜香味，可食率32%。

7. Leung Bang

泰国选育。树势强、树冠开展，每年修剪可维持树冠大小在3.5米以内。果实长椭圆形，平均在6千克左右，果肉黄色，质地硬，风味甜香，食后无余味。产量中等，稳产，年株产50千克。

8. Bali Beauty

印度尼西亚的巴厘岛选育。果肉暗橙黄色，肉质中等硬，风味优，甜。

9. Tabouey

印度尼西亚选育。果肉淡黄色，质地硬，稍甜，香味很淡，果肉可食率40%。

10. Black Gold

澳大利亚的昆士兰选育。果肉橙黄色至深橙黄色，质地中等硬，风味甜，浓香，化渣，品质好，可食率35%。

11. Cheena

澳大利亚选育，是菠萝蜜和尖蜜拉（Champedak）的自然杂交种。果肉橙黄色，质地软，化渣，有稍许纤维感，品质优，香气浓郁，可食率33%。

12. Cochin

澳大利亚选育。果肉黄色至橙黄色，质地硬，稍甜，香味淡，果胶少，可食率35%～50%。

13. Gold Nugget

澳大利亚的昆士兰选育。果肉深橙黄色，质地软至中等硬，化渣，风味优，可食率41%。

14. Honey Gold

澳大利亚的昆士兰选育。果肉深黄色至橙黄色，质地硬，有浓郁的甜香味，可食率36%。

15. Lemon Gold

澳大利亚的昆士兰选育。果肉柠檬黄色，质地硬，风味甜香，可食率37%。

16. Singapore

新加坡选育。果肉暗橙黄色。纤维性，肉脆，极甜，风味丰富，品质优，能在1.5～2.5年结果，高产稳产。

17. Sweet Fairchild

美国佛罗里达从Tabouey的实生苗中选育而成。果肉淡黄色，质地硬，风味淡甜。

二、国内引种、选育栽培品种

1.马来西亚1号（琼引1号）

果实长椭圆形（图3-1），单果重20～30千克，产量高；在海南经20余年的引种试种及标准化种植，表明该品种生长适性广，抗性强，产量高，盛产期株产可达150千克以上，果肉黄色（图3-2），味香肉甜，四季均有结果。嫁接苗植后1.5年就可开始开花结果。目前该品种是海南省菠萝蜜商品生产主栽品种。

图3-1　海南省菠萝蜜主栽品种马来西亚1号

图3-2　马来西亚1号果苞

2. 马来西亚3号

该品种果苞大，果肉厚（图3-3，图3-4），含糖汁多，果腱大多可食，风味好。果形大而圆，但该品种耐旱性不强，在海南兴隆地区引种试种时，其果形不稳定，常出现授粉不均匀的情况。

图3-3　马来西亚3号

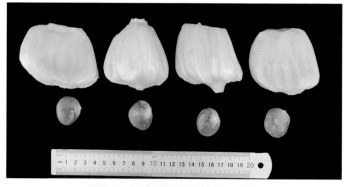

图3-4　马来西亚3号果苞、种子

3. 马来西亚5号

果苞红色，香味浓，果肉清甜爽脆，单果重10千克左右（图3-5，图3-6）。

图3-5　马来西亚5号

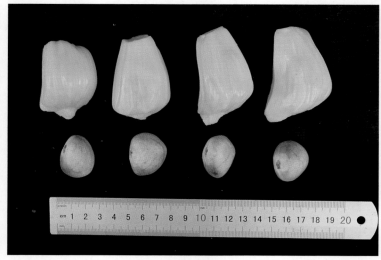

图3-6　马来西亚5号果苞、种子

4. 马来西亚6号

果苞粉红色，果肉较厚，花序轴呈海绵状，单果重一般10千克左右，生产中该品种不耐储藏，标准化种植少见。

5. 泰8

海南省农业科学院果树所认定为琼引8号，果实椭圆形（图3-7），果苞黄色到橙红色（图3-8）、果肉厚、质脆，单果平均重13千克，可食率38.6%，产量高，嫁接苗定植2年可开花结果。

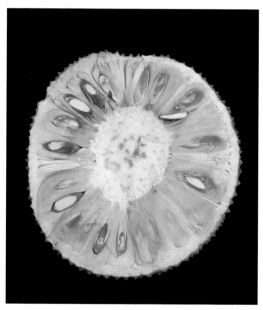

图3-7　泰8菠萝蜜果实　　　　　　　图3-8　泰8菠萝蜜果实横切面

6. 常有菠萝蜜

广东省茂名市水果科学研究所选育（图3-9）。果肉金黄色（图3-10），甜脆，有香味，皮薄、苞多，可食率高，果肉无粘胶，食用不黏手，平均单果重3～5千克，丰产稳产性能好。嫁接苗种后2～3年开始开花结果，3年生树平均株产20千克，5年生树平均株产82千克。经2000年至2007年多点试种，表现出早结、丰产、优质、无胶、迟熟、性状稳定。

图3-9　常有菠萝蜜植株

图3-10　常有菠萝蜜果苞

7. 四季菠萝蜜

广东高州华丰无公害果场从国外引进（图3-11）。果肉浓香爽脆、干苞皮薄，果苞厚（图3-12），可食率高，嫁接苗种后2 ～ 3年开始结果，单果重10 ～ 20千克，四季结果。

图3-11　四季菠萝蜜

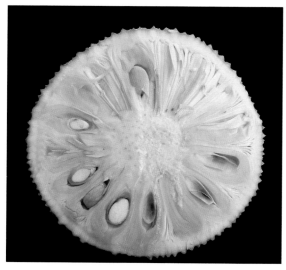

图3-12　四季菠萝蜜果实横切面

8. 红肉菠萝蜜

广东高州华丰无公害果场从国外引进选育。果肉橙红色，肉厚爽脆、味清甜有香气、可溶性固形物含量19%左右，嫁接苗定植2～3年开始结果，具有一年多次结果的特性。

9. 海大1号

广东海洋大学实生选育。果肉金黄色，爽脆浓香，可溶性固形物含量27.2%左右，可食率高，单果重2.5千克，小果型，易携带，嫁接苗3年可结果。适宜在广东雷州半岛地区栽培。

10. 海大2号

广东海洋大学实生选育。果肉黄色、爽脆，风味浓郁，可溶性固形物含量21.5%，可食率高，果型中等大小，重7.35千克，1年多次开花结果。适宜在广东雷州半岛及相近气候条件地区栽培。

11. 海大3号

广东海洋大学实生选育。果肉金黄色、爽脆，甜度高，浓香多汁，可溶性固形物含量27.5%，可食率高，果小型，重4.47千克。适宜在广东雷州半岛及相近气候条件地区栽培。

三、香饮所自主选育的品种（品系、株系）

1. 香蜜1号

香饮所实生选育的品系，嫩枝披短毛，叶片椭圆形，单果重3～6千克，平均单果重4千克。果实椭圆形，果皮青绿色，皮刺尖，白色果胶含量少。果苞橙黄色至橙红色（图3-14），质地丝滑，甜，属于湿苞类型，平均可溶性固形物含量约28%；有浓郁的甜香、榴莲香气，易剥皮，可让果肉留在果轴，方便携带及食用。嫁接苗定植3年可开花结果，平均单株结果约20个，5～6年进入盛产期，平均结果可达50个以上，单株产量约100千克（图3-13）。

图 3-13　香蜜 1 号植株

图 3-14　香蜜 1 号果肉

2. 香蜜2号

香饮所从本地实生树中选育出来的一个优良单株，果实椭圆形，典型特征为果皮颜色为青绿色，干苞皮薄，果苞厚，果肉橙黄，质地软，平均单果重7.5 ~ 12千克，平均可溶性固形物含量23% ~ 26%。

3. 香蜜3号

香饮所从本地实生树中选育出来的优良单株，果实椭圆形，果皮颜色为黄褐色，干苞，果苞厚，果肉金黄，平均单果重12 ~ 15千克，平均可溶性固形物含量24.2%，盛产期产量可达300千克以上。

4. 香蜜11号

香饮所从本地实生树中选育出来的优良单株，果实近圆形，果皮颜色黄色（图3-15），干苞皮薄，果苞厚，果肉黄色（图3-16，图3-17），质地丝滑，香味浓郁，平均单果重9 ~ 12千克，平均可溶性固形物含量25.6%，嫁接苗定植3年可首次开花结果。

图3-15　香蜜11号

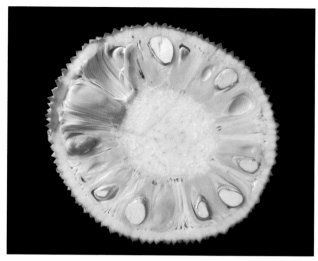

图3-16 香蜜11号果实横切面

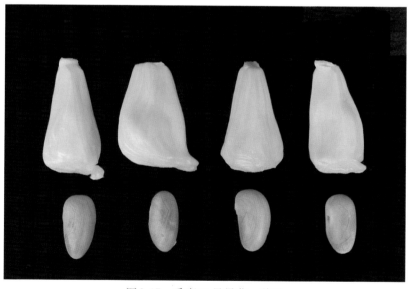

图3-17 香蜜11号果苞、种子

5. 香蜜12号

香饮所从本地实生树中选育出来的优良单株，果实椭圆形，干苞，果苞厚0.3厘米，果肉深黄，果肉口感丝滑，香味浓郁，平均可溶性固形物含量28.6%，具有本地菠萝蜜特有香味，极甜，嫁接苗定植3～4年可开花结果。

6. 香蜜17号

香饮所自主选育品种（良种编号琼R-SC-AH-009-2020），嫩枝披短毛，叶片椭圆形，单果重5～15千克，平均单果重12.5千克（图3-18）。果实椭圆形，果形指数1.5；果皮黄绿色，皮刺尖，白色果胶含量少。果苞橙红色（图3-19，图3-20），质地脆，甜，属于干苞类型，可溶性固形物含量23.5%～27.8%；果腱乳白色，香味浓郁，有与榴莲相似的香味。嫁接苗定植2.5年可零星开花结果，3.5年大量结果，5～6年进入盛产期，平均结果可达10个以上，单株产量约125千克。

图3-18　香蜜17号植株

图3-19　香蜜17号果实横切面

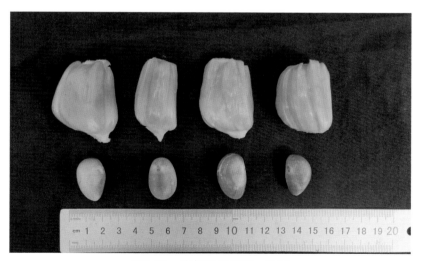

图3-20　香蜜17号果苞、种子

第四章 ●●●

菠萝蜜种苗繁育技术

　　菠萝蜜常用的繁殖方法包括有性繁殖和无性繁殖。

　　有性繁殖又称播种繁殖。此法简单易行，民间多采用此法繁殖苗木。但其所生产的苗木遗传因素复杂，变异性大，植后难保有其母本的优良性状，现在商业生产中不种植实生苗，一般是为嫁接准备繁育砧木苗。

　　无性繁殖就是利用优良母树的枝、芽来繁殖苗木，用此法繁殖的苗木遗传因素单一，能保持母树的优良性状（如高产、优质、抗性强等性状）。无性繁殖包括嫁接、空中压条、扦插与组织培养等方法，目前大规模商业生产主要采用嫁接方法繁殖良种苗木。

第一节　有性繁殖

　　有性繁殖又称播种繁殖，是菠萝蜜育苗中最基础的繁殖方法。无论是培育实生苗木或嫁接砧木，都要通过播种育苗过程。播种育苗有如下步骤：

一、选种

1. 选树

　　选择生势壮旺、结果3年以上、高产稳产、优质、抗逆性强的母树采果。

2. 选果

　　选择发育饱满、果形端正、果皮瘤状物稀疏、没有病虫危害、充分成熟的果实。

3. 选种

　　一般应选择发育饱满、充实、圆形的种子。这类种子播种后生长快、长势强壮。如果选用发育不饱满、畸形的种子播种育苗，植后长势弱，因此不宜选用这类种子。

二、育苗

菠萝蜜种子寿命短，一般能维持活力2周左右，应随采随播。试验结果表明，种子储藏15天后，发芽率为70%；30天后发芽率下降至40%以下。民间保存菠萝蜜种子的方法是，自果中取出种子，洗净，阴干，用新鲜的谷壳或木糠或木炭粉与种子混合，保存在瓦罐内，数月仍不变质。

1. 播种

催芽：从瘦果中取出种子洗净，阴干晾种2～3天后，准备好厚约30厘米的沙床，将种子按1～2厘米间隔一个个排列于沙床上，覆沙盖过种子（厚不超过1厘米），用花洒桶淋透水，之后保持沙床湿润（图4-1）。

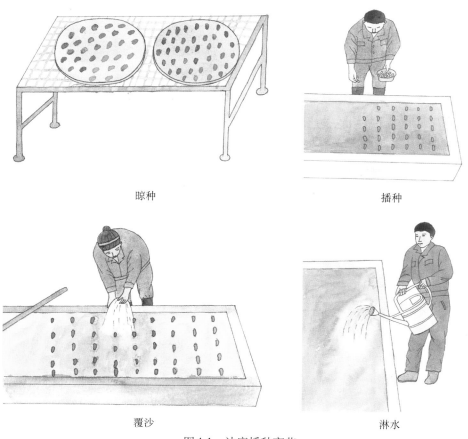

晾种　　　　　　　　　　　　　播种

覆沙　　　　　　　　　　　　　淋水

图4-1　沙床播种育苗

2．苗床（或育苗袋）准备

（1）苗床准备 菠萝蜜主梢生长快，地下部分比地上部分快 2 ～ 3 倍，因此，苗床应深耕细耙，施足禽畜粪肥或土杂肥等基肥，要求苗床土壤肥沃、疏松。然后起畦，畦床规格为长 10 米、宽 1 ～ 1.2 米、高 15 ～ 20 厘米，每畦间隔宽 50 ～ 60 厘米。

（2）营养土的配备 以肥沃的表土或菜园土与土杂肥（或粪肥）9∶1 或8∶2，再加适量的椰糠混合备用。

3．移芽

（1）苗床育苗 当催芽的种子发芽后，按 5 厘米 × 10 厘米的株行距移入苗床。苗床上遮盖 50% 遮阳网或置于树荫下，移植后淋透定根水。

（2）育苗袋育苗 将胚芽移入规格 20 厘米 × 28 厘米育苗袋中，并遮盖50% 遮阳网或置于树荫下，移植后淋透定根水（图 4-2）。

移苗

袋苗遮阳网下

图 4-2 育苗袋育苗

4. 苗木管理

与一般果树基本相同。当苗木如筷子般大小时可进行嫁接育苗。

第二节　无性繁殖

无性繁殖育苗是利用植物的营养器官（如枝、芽）繁殖种苗，有如下几种育苗方法。

一、嫁接

嫁接属无性繁殖的一种。嫁接苗既可保存母本的优良性状，又可利用砧木强大的根系，有利于提高植株抗风、抗旱能力，使植株生长健壮，结果多，经济寿命长。目前，大规模的商业生产都是通过嫁接繁殖苗木。

1. 采接穗

接穗取自结果3年以上的高产优质优良母树，选1～2年生木栓化或半木栓化的枝条，以枝粗0.7～1厘米、表皮黄褐色、芽眼饱满者为好（图4-3）。

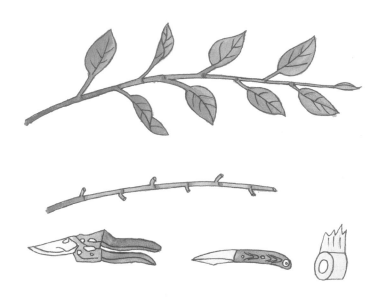

图4-3　嫁接工具

2. 砧木

以主干直立、茎粗0.8～1厘米、叶片正常、生势壮旺、无病虫害的实生苗作砧木，砧木苗最好为袋装苗或其他容器培育的苗木（图4-4）。

图4-4　砧木苗

3. 嫁接时间

以3—10月为芽接适期。此时气温较高，树液流通，接穗与砧木均易剥皮，但雨天和风干热风时期（海南的6—8月）不宜嫁接。

4. 嫁接操作

目前多采用补片芽接法嫁接，其操作步骤如下（图4-5）：

（1）排乳汁　菠萝蜜乳汁（乳胶）会影响芽接成活，因此在嫁接前需先排乳汁。在砧木离地面10～20厘米的茎段选一光滑处开芽接位，在芽接位上方先横切一刀，深达木质部，让树上的乳汁流出，可在计划芽接的苗上一连切10株砧木排胶。

（2）开芽接位　用湿布擦干排出的乳汁，在排胶线下开一个宽0.8～1厘米、长2.5～3厘米的长方形，深达木质部，从上面用刀尖挑开树皮，拉下1/3，如易剥皮，则削芽片。

（3）削芽片　选用充实饱满的腋芽，在芽眼上下1.2～1.4厘米的地方横切一刀，再在芽眼左右竖切一刀，均深达木质部，小心取出芽片，芽片必须完好无损，略小于芽接口。不剥伤芽片是芽接成功的关键。

（4）接合　剥开接口的树皮，放入芽片（芽片比接口小0.1厘米），切去砧木片约3/4，留少许砧木片卡住芽片，以利捆绑操作。芽接口应完好无损。

（5）捆绑　用厚0.01毫米、宽约2厘米、韧性好的透明薄膜带自下而上一圈一圈缠紧，圈与圈之间重叠1/3左右，最后在接口上方打结。绑扎紧密也是嫁接成功的关键之一。

（6）解绑与剪砧　嫁接25天后，如芽片保持青绿色，接口愈合良好者，即可解绑。解绑后1周左右芽片仍青绿可在接口上方5～10厘米处剪砧，此后注意检查，随时抹除砧木自身的萌芽，使接穗芽健康成长。

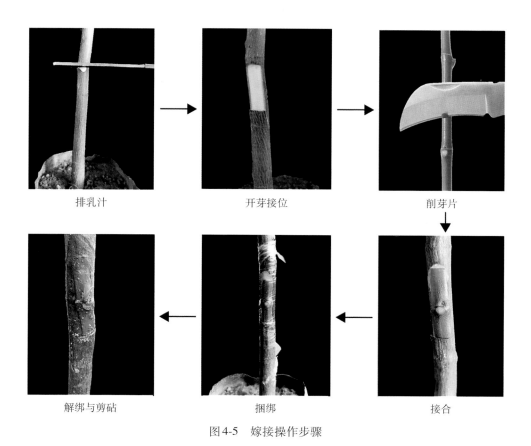

排乳汁　　　　　　　　开芽接位　　　　　　　　削芽片

解绑与剪砧　　　　　　捆绑　　　　　　　　　接合

图4-5　嫁接操作步骤

二、扦插

据记载，菠萝蜜可以扦插繁殖。其操作是在优良的母树上截取插穗前30天，对截取部位环割进行黄化处理；扦插前再用2 000毫克/升阿魏酸+3 000毫克/升IBA速浸，发根率可达90%（图4-6）。

图4-6　扦插育苗

三、空中压条（圈枝）

采用圈枝方法进行无性繁殖，圈枝时间及除去菠萝蜜乳汁（乳胶）是关键，在海南以每年开春的3—5月最好，选直径1.5～2厘米粗的半木栓化枝条，在离枝端30～50厘米处，环状剥皮长23厘米，然后用刀剥口轻刮，刮净剥口残留的形成层，在海南常用的包扎基质为椰糠，湿度以手捏刚出水滴为度，最后用塑料带以环剥口为中心包扎绑实，捆绑扎紧也是圈枝成功的关键之一（图4-7），目前此法生产上很少采用。其优点是植株矮化、方便管理，可提早结果，保持了优良特性；缺点是无主根，树体抗风力稍弱，向背风面倾斜。经调查，3年生菠萝蜜圈枝树高2.10～2.30米，茎围25～30厘米，根深35厘米，在距土面20厘米处生侧根5～6条。定植1年后结小果，第2年起可结少数果实。

图4-7　圈枝育苗

四、组织培养法

组织培养法适用于规模化、产业化培育种苗，目前此法还处在试验阶段（图4-8）。

根据S. K. Roy等介绍，取健壮的菠萝蜜树茎段节芽为材料，将这些外植体用蒸馏水冲洗若干次，在0.5%氯化汞溶液中悬浮2～3分钟，用无消毒剂的灭菌水冲洗，将菠萝蜜的节外植体置于MS培养基上培养，添加1.0毫克/升BAP和0.5毫克/升激动素时能诱导形成复芽，将离体形成的嫩枝置于培养基中继代培养发育新梢，在添加NAA和IBA各1.0毫克/升的MS盐浓度减半培养基中，离体的增殖嫩枝经培养诱导生根，将生根的嫩枝置于无激素和糖的液体浓度减半MS培养基中驯化，在3 000勒克斯的冷白荧光灯下，生根的嫩枝在26±3℃滤纸台上生长20天，之后将生根的嫩枝移至含土壤、硅石和沙（2：1：1）混合物的盆钵并保持在相同环境条件下，生根嫩枝逐日浇水，用透明聚乙烯袋覆盖盆栽植株，保持高湿度，待植株6～7厘米高时移到温室，炼苗后移至田间种植。

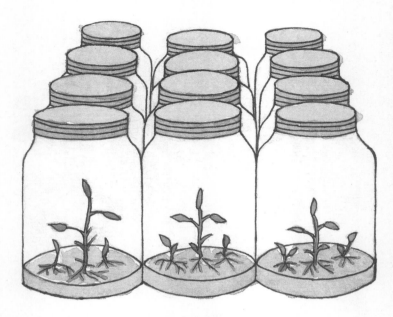

图4-8　菠萝蜜组培苗

第三节　苗木出圃

一、出圃苗标准

1. 实生苗标准

种源来自经确认的品种纯正、优质高产的母本园或母株，品种纯度≥95％；出圃时营养袋完好，营养土完整不松散，土团直径＞12厘米、高＞20厘米；植株主干直立，生长健壮，叶片浓绿、正常，根系发达，无机械损伤；种苗高度≥50厘米；主干粗度≥0.6厘米；苗龄3～6个月为宜。

2. 嫁接苗标准

种源来自经确认的品种纯正、优质高产的母本园或母株，品种纯度≥98％；出圃时营养袋完好，营养土完整不松散，土团直径＞12厘米、高＞20厘米；植株主干直立，生长健壮，叶片浓绿、正常，根系发达，无机械损伤；接口愈合程度良好；种苗高度≥30厘米；砧段粗度≥1.0厘米、主干粗度≥0.3厘米；苗龄6～9个月为宜（图4-9）。

图4-9　嫁接苗

二、包装

用营养袋培育的种苗不需包装，可以直接运输；地栽苗起苗后要及时将根包装，根部用草帘、麻袋、干净肥料袋和草绳等包裹绑牢，包内填充保湿材料以达到苗根和苗茎不受损伤为准，以每包20株为一捆用包装纤维绳包扎好，并挂上标签。

三、储存与运输

种苗包装好后存放于安全的地方，避免烈日暴晒或霜冻害。可存放于树荫底下或存放于遮阳网下，基部着地竖立存放；同时应注意防虫蛀、腐烂及防止病虫害的发生和蔓延。

菠萝蜜种苗在运输装卸过程中，应注意防止种苗芽眼和皮层的损伤。到达目的地后，要及时交接、保养管理，尽快定植或假植。

第五章

菠萝蜜种植技术

　　长期以来，菠萝蜜主要作为庭院种植的作物，植于房前屋后，村庄边缘和公路边等，集中连片规模化种植较少。当定植成活后，后期的人力劳动成本投入较低，无需精耕细作，种植管理相对粗放。

　　菠萝蜜是多年生热带特色果树，独具特色，经济寿命长。菠萝蜜种植业在农业经济中具有高效、速效和长效三重优势，只有标准化种植，才能促进产业可持续发展，并显著促进农业增效、农民增收和农村增绿。要在菠萝蜜种植上取得"一次栽树，长期受益"，需要科学规划和高水平的树体管理技术。因而，建园前必须重视果园规划与种植管理，主要包括果园选地、开垦、定植、施肥管理、土壤管理、树体管理和水分管理等，这关系到菠萝蜜果树的早结、丰产和稳产。生产实践证明，果农对果园规划、种植技术、整形修剪技术的掌握程度，是决定一个果园产量、质量和经济效益的关键因素，最终直接关乎果园生产效益。

　　菠萝蜜果实味美、营养丰富、用途广泛，市场前景向好。从栽培上说，结果寿命长、产量高而稳定、全年养护期短、生产成本低，适合无公害管理，这也是世界高效农业的重要组成部分。

第一节　果园建立

一、果园选地

　　一般选择年平均温度19℃以上，最冷月平均温度12℃以上，绝对最低温度0℃以上，年降水量1 000毫米以上的地方。

　　菠萝蜜对土壤条件要求不甚严格，适宜多种土壤类型，许多平地、丘陵地区的红壤地、黄土地、河沟边或沙壤土地种植较适宜，但仍以选择坡度＜30°，土层深厚、结构良好、土质肥沃、疏松，易于排水，pH 5.0～7.5，地下水位在1米以下，靠近水源且排水良好的地方建园。

　　菠萝蜜果实在储藏和运输中容易损伤、腐烂，所以在选择园址的同时应考虑交通条件是否便利。

二、园地规划

园地规划包括小区选择、水肥池、防护林、道路系统和排灌系统等整体规划与设计。

1.小区选择

为了便于果园的发展和管理，集中连片种植必须根据地块大小、地形、地势、坡度及机械化程度等进行园地规划，包括小区、道路排灌系统、防护林和水肥池等。一般按同一小区的坡向、土质和肥力相对一致的原则，通常以25 ~ 30公顷为一片，并划分若干小区，每个小区面积以1.5 ~ 2公顷。规模化、标准化种植的果园见图5-1、图5-2。

图5-1　规模化种植果园

图5-2　标准化种植果园

2.水肥池

果园水肥池的规划。一般每个小区应设立水肥池，容积为 10 ～ 15 米^3。

3.防护林

园地的划区要与防护林设置相结合，园地四周最好保留原生林或营造防护林带，林带距边行植株6米以上。主林带方向与主风向垂直，植树 8 ～ 10 行；副林带与主林带垂直，植树 3 ～ 5 行。宜选择适合当地生长的高、中、矮树种混种，如木麻黄、红花天料木、菜豆树、竹柏、琼崖海棠、台湾相思和油茶等树种。

4.道路系统

园区内应设置道路系统，道路系统由主干道、支干道和小道等互相连通组成，主干道贯穿全园，与外部道路相通，宽 7 ～ 8 米，支干道宽 3 ～ 4 米，小道宽2米。

5.排灌系统

排灌系统规划应因地制宜，充分利用附近河沟、水库等排灌配套工程，配置灌溉或淋水的蓄水池等。坡度小的平缓种植园地应设置环园大沟、园内纵沟和横排水沟，环园大沟一般距防护林3米，距边行植株3米，沟宽80厘米、深60厘米；在主干道两侧设园内纵沟，沟宽60厘米、深40厘米；支干道两侧设横排水沟，沟宽40厘米、深30厘米。环园大沟、园内纵沟和横排水沟互相连通。除了利用天然的沟灌水外，同时视具体情况铺设管道灌溉系统，顺园地的行间埋管，按株距开灌水口。

三、园地开垦

园地应深耕全垦，一般在定植前3～4个月进行，让土壤充分熟化，提高肥力。开垦时，首先划出防护林带，保留不砍，接着砍掉不需要保留的乔木和灌木，并进行清理。土壤深耕后，随即平整。园地水土保持工程的修筑依据地形和坡度的不同而进行。坡度5°以下的缓坡地不必修筑专门的水土保持工程，但应等高种植，并尽量隔几行果树修筑一个土埂以防止水土流失；坡度在10°～30°的坡地应等高开垦，修筑宽2～2.5米的水平梯田或环山行，反倾斜15°，单行种植，每隔1～2个穴留一个土埂，埂高30厘米。

四、植穴准备

植穴准备在定植前1～2个月完成，植穴以穴宽80厘米、深70厘米、底宽60厘米为宜。挖穴时，捡净树根、石头等杂物，让表土、底土经充分日晒后再回土。

根据土壤肥沃或贫瘠情况施穴肥。每穴施充分腐熟的有机肥20～30千克、复合肥0.5～1千克、过磷酸钙1千克作基肥，先回入20～30厘米表土于穴底，中层回入表土与肥料混合物，上层再盖表土。回土时土面要高出地面约20厘米，呈馒头状为好。植穴完成后，在植穴中心插标，待2～3周土壤下沉后，即可定植。

五、定植

1.定植时期

在海南，春、夏、秋季均可定植，以3—4月或8—10月定植为宜，雨季定植最佳，有利于幼苗恢复生长。在春旱或秋旱季节，如灌溉条件差的地区，不宜定植。在秋冬季低温季节，定植后伤口不易愈合，且不易萌发新根，影响成活率，这些地区应在10月中下旬完成定植工作，有利于在低温干旱季节到来之前菠萝蜜幼苗恢复生机，翌年便可迅速生长。

2.定植密度

菠萝蜜栽植的株行距，依品种、成龄树的树冠大小，植地的气候、土壤条件以及管理水平等而不同。一般采用株行距6米×6米或5米×7米，每亩定植18～22株，每公顷分别种植270株和285株（图5-3）。平缓坡地和土壤肥力较好园地可疏植，坡度大的园地可适当缩小行距或采用梯田式种植。土地瘠瘦的园块可适当密植，种植密的待菠萝蜜成林后逐年留优去劣，进行疏伐。

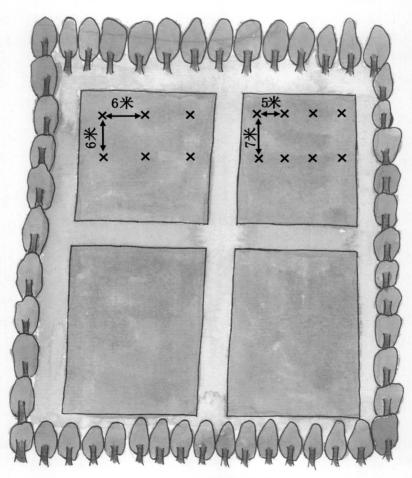

图5-3　定植密度规划图

3.定植方法

选择芽接苗高25 ～ 35厘米（从芽接点算起）的壮苗进行定植。移苗时应尽量避免损伤主根。若损伤主根流出白色胶汁时，幼苗会失水，降低成活率。若有此情况，可用枝剪修剪伤口使其平顺，再涂抹保护剂，防止失水。定植时在已准备好的植穴中挖一个比种苗的土团稍大的植穴，然后将苗放入植穴，土团放端正，深浅适度，苗身直立，然后解开袋装苗塑料袋，用细土先将土团下面填满塞紧，再填四周，适当压紧，但不能直压土团。总之，填土要均匀，根际周围要紧实。定植后，在根圈内筑一直径80厘米的树盘，上面盖草，然后淋足定根水，再盖一层细土（定植步骤见图5-4）。

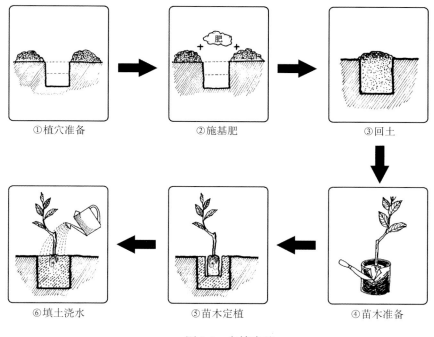

图5-4　定植步骤

4.植后管理

苗木定植后，如遇干旱天气，每隔数日淋水1次，以提高成活率；如遇雨天应开沟排除积水，以防止烂根。植后一个月左右抽出的砧木嫩芽要及时抹掉，并对缺株及时补植，保持果园苗木整齐。

5.间作

　　菠萝蜜株行距较宽，进入盛产期一般需5 ~ 8年，果园提倡间种其他短期作物或短期果树。通过对间种作物的施肥、管理，不仅有利于提高土壤肥力和土地、光能利用率，增加初期收益，而且有利于促进菠萝蜜生长。间种作物可选择蔬菜、凤梨、香蕉、番木瓜、甘薯、花生和毛豆等经济作物（图5-5至图5-8）。

图5-5　菠萝蜜间作凤梨

图5-6　菠萝蜜间作香蕉

图5-7　菠萝蜜间作毛豆

图5-8　菠萝蜜间作花生

六、菠萝蜜盆栽

　　菠萝蜜盆栽在印度尼西亚一些大城市的家庭庭院内已成时尚，既能美化环境，又能有果实观赏及收获。在我国南方，在有庭院的家庭和公园，摆上几盆热带珍果，其乐无穷，更可为园艺产业开辟新资源。和其他果树盆栽一样，菠萝蜜也可以在盆里种植（图5-9）。在菠萝蜜树种上的选择，应选择早结果、果形小、树型不高的嫁接苗或圈枝苗。有一个印度尼西亚的菠萝蜜品种叫迷你菠萝蜜（nangka mini），很适合用于盆栽。

图5-9　菠萝蜜盆栽

由于盆栽果树生长发育所需的各种营养成分主要来源于盆栽时用的营养土和日后管理上的追肥，因此在进行菠萝蜜盆栽时，要特别注意营养土的配制。通常将有机肥、泥土按2∶8的比例配制。有机肥要充分腐熟，避免用新鲜料，否则会产生热反应，造成伤根甚至死苗。

1.盆栽容器选择

菠萝蜜树属高大树种，所以采用的容器比一般盆栽容器大。可选直径50厘米以上、高50厘米以上的容器。容器材料有各种各样，主要有陶制花盆和旧铁桶，也可自制水泥或木料的容器。品质上各有长处和短处，但必须具有透水、透气的功能。

2.种植与扶管

在花盆底层铺小石或瓦片，起过滤作用。填营养土后淋足水，静置1周后才在盆中央挖跟袋苗大小相适应的小穴。种植时去除袋苗的袋，埋入洞内，周围填土，用竹或树枝扶直树苗。栽盆上覆盖上木糠、稻壳、树叶等，保持盆土湿润。容器下方要垫高离地，使盆土易于排水。在盆栽初期，把盆栽幼苗放在阴凉处1个月以上，才移到阳光下。定时定量淋水，每日1次。用花洒桶淋水，盆底出水了即停浇。淋水要与除尘相结合。松土也要与浇淋相结合。

种植3个月后开始施肥。每盆施0.5千克有机肥和3汤匙复合肥。以后每个月按此肥比例施1次。同时，喷施叶面肥。

在有了很好的低矮树形结构，即种植3个月后，对健壮的树苗进行修剪。第1次在离营养土高20～40厘米的部位剪去主茎顶部。2～3周后又长出许多芽，在其中选2个好的芽，作为一级分枝，其余的芽剪除。再过几周，一级分枝长到20～25厘米时，在离主干15厘米处剪去顶端。待第2分枝长出新芽后再修剪，只留2个生长好的芽。如此反复修剪，直到形成良好树型结构为止。此过程就是不断剪掉过长的、过弱的、带病的、受伤的或没有结果的树枝或树梢。

盆栽菠萝蜜树，高度生长相对较慢，但枝干会增粗，根系也增多。由于树苗消耗了盆土肥分，防碍果树的健康成长，必须及时换盆、换土。如发现树根从盆洞口伸出，树叶变小、卷曲，或者嫩枝抽生难，就应换盆。

换盆时，事先往盆中浇水，然后小心地移出树苗来，使得盆土和根都不受损。脱盆后削去四周和底部的营养土。将准备好的更大的新盆，在盆底垫瓦片后铺一层营养土，然后把原带土的菠萝蜜树苗装进新盆内，四周填满新的营养土，淋足水，适当荫蔽，便完成了换盆工作。

第二节　树体施肥与管理

菠萝蜜定植后，既要加强幼龄树管理，又要加强成龄树管理，其中合理施肥是提高菠萝蜜产量与品质的关键。

一、施肥管理

菠萝蜜生命周期可大致分为幼树期、结果初期、盛果期和衰老期。幼树期以扩大树冠、培养树形和扩展根系为目标，为开花结果打好基础。这个时期要注意施足氮肥和磷肥，适当配施钾肥。结果初期主要以促进花芽分化为目标，此时应重视磷、钾肥。盛果期以优质、丰产、稳产为目标，注重氮、磷、钾配合，提高钾肥比例。衰老期以促进更新复壮、延长结果期为目标，此时以氮为主，适当配施磷、钾肥。

菠萝蜜年生长周期需肥特点大致可分为养分储备期、大量需氮期和养分稳定供应期。养分储备期落叶回田，营养回流储藏至根系和枝干中，对来年早春生长发育特别重要。大量需氮期是器官建造期，需要大量以氮为主的养分。养分稳定供应期是氮持续稳定供应，增加磷钾供应。

1.施肥原则

针对热带、亚热带地区土壤、气候条件，以及广大种植户习惯施用单一比例复合肥而有机肥施用量不足的特点，菠萝蜜施肥总的原则是"四个结合"，即有机肥与无机肥结合、迟效肥与速效肥结合、大量元素与中微量元素结合、土壤施肥与根外追肥结合。其中有机肥和迟效肥以深施为主，无机肥与速效肥以浅施和根外追肥（叶面喷施）为主；在肥料的施用量上，以有机肥和迟效肥为主，无机肥和速效肥为辅。

菠萝蜜生产中，常用"三看法"施肥。

（1）看树施肥　即根据品种、物候期、树龄、树势及结果状况施肥。对植株出现缺素症状的，诊断后，缺什么肥，补什么肥。

（2）看土施肥　即根据土壤结构、质地、地下水位高低、有机质含量多少、酸碱度、养分情况、地形及地势等进行施肥。如砂质土，保水保肥能力差，宜采用勤施、薄施、浅施和根外追肥的方法；黏土则常用重施、深施或深浅结合施肥的方法。

（3）看天施肥　温度、湿度和降水直接影响根系的呼吸作用和对养分的吸收，影响土壤养分的分解、转化和微生物的活动，故应看天（气候）施肥，做到"雨前、大雨不施肥，雨后初晴抢施肥"，以及"雨季干施，旱季液施，旱、涝灾后多施速效肥和进行根外追肥"。

2.施肥方法

菠萝蜜的施肥方法应根据土壤条件、品种、树龄、产量水平等因素来决定。菠萝蜜根系分布深而广，垂直分布集中在10～100厘米，水平分布集中在距离树干2米，吸收根主要分布在10～60厘米，施肥应集中在此区域。施肥应在株间或行间的树冠滴水线外围，施肥沟的深浅依肥料种类、施用量而异。施肥可采用环状沟施、放射状沟施、条状沟施，穴贮肥水技术。

环状沟施：以树冠滴水线（树冠外沿）为中心，开宽20～40厘米、深20～50厘米的沟，将肥料与土壤混合后施入沟内，再将沟填平（图5-10）。

条状沟施：在树的行间或株间或隔行开沟，沟宽和沟深同环状沟施，开沟的位置要逐年更换（图5-11）。

放射状沟施：以树干为中心，挖4～6条放射状沟。自树冠边缘至树干1/2处向外挖，沟宽20～30厘米、深20～40厘米，内窄外宽，内浅外深，开沟的位置要逐年更换（图5-12）。

穴贮肥水技术：在树冠滴水线处挖40厘米深、直径40厘米的圆形肥水穴，数量依树冠大小而定，4～8个不等（图5-13）。

图5-10　环状沟施

图5-11　条状沟施

图5-12　放射状沟施

图5-13　穴贮肥水技术

有机堆肥施用以开深沟施，规格为长80～100厘米、宽30～40厘米、深30～40厘米，沟内压入绿肥，施有机肥并覆土。水肥和化学肥料以开浅沟施，沟长80～100厘米、宽10～15厘米、深10～15厘米。施肥时混土均匀。旱季施化肥要结合灌水，有机肥施用应结合深翻扩穴深施。如有土壤分析条件，可按土壤有机质含量划分土壤肥力水平，可将土壤肥力分为3个等级，有机质小于1%称为低肥力土壤；1%～2.5%称为中肥力土壤；2.5%～4%称为高肥力土壤。

3.肥料种类

（1）有机肥　常用的有机肥有畜禽粪、畜粪尿、厩肥、堆沤肥、土杂肥、草木灰、鱼肥，以及塘泥、饼肥和绿肥等。有机肥的养分多呈复杂的有机形态，须经过微生物的分解才能被作物吸收利用，其肥效缓慢而持久。有机肥中富含的有机质和腐殖质，可改良培肥土壤，增加土壤微生物活性和生态多样性，增强土壤的保水保肥能力。施用有机肥作基肥或追肥时，应施用腐熟的有机肥。

（2）无机肥　常用的无机肥（即化肥）有氮肥、磷肥、钾肥、微量元素肥料、复合肥及复混肥等。

主要氮肥：铵态氮肥（硫酸铵、磷酸二铵和磷酸一铵）、硝态氮肥（硝酸钾和硝酸钙）以及酰胺态氮肥（尿素）。由于铵态氮肥在其硝化过程中会产生氢离子而导致土壤逐渐酸化，影响菠萝蜜的营养供应。为了防止这个问题的发生，应该科学合理地使用含铵态氮的肥料。

主要磷肥：过磷酸钙（适合中性和碱性土壤施用）、钙镁磷肥（适合酸性土壤施用）、重过磷酸钙（适合中性和碱性土壤施用）、磷酸一铵（适合中性和碱性土壤施用）、磷酸二铵（适合酸性和中性土壤施用）、磷矿粉（适合酸性土壤施用）。

主要钾肥：氯化钾、硫酸钾（不会引起土壤酸化）、硫酸钾镁（含钾、镁、硫元素、对需要满足后两种养分的种植地区特别适用，不会影响土壤pH）、硝酸钾。

氮肥、磷肥、钾肥大多干施，肥料矿质养分含量高，所含养分比较单纯，施用后肥效快。过磷酸钙宜在用前一个月与有机肥混堆后施用。

中微量元素肥料：钙镁肥和微量元素。其中钙可通过撒施石灰、基施过磷酸钙和钙镁磷肥来补充，镁主要通过施硫酸镁和钙镁磷肥来补充，一般与氮磷钾肥同时施用，偏施铵态氮肥易造成土壤酸化，植物表现出缺镁症，因此配合有机肥料、磷肥或硝态氮肥施用，有利于镁肥的吸收。南方果园中易出现缺硼、缺锌等症状，可通过喷施含相应微量元素的叶面肥加以补充。叶面肥常使用的肥源有：尿素、磷酸二氢钾、氨基酸类叶面肥、腐殖酸类叶面肥等，施肥时间主要安排在开花前，果实生长膨大期，可在每次喷洒农药时进行。

4. 肥料的有效施用

氮肥的施用遵循配施、深施原则。氮肥与适量磷、钾肥以及中、微量元素肥料配合，增产效果显著。氮肥与有机肥配合施用，既能及时满足作物营养关键时期对氮素的需求，同时有机肥还具有改土培肥的作用，做到用地养地相结合。氮肥深施不仅能减少氮素的挥发、淋失和反硝化损失，还可以减少杂草对氮素的消耗，从而提高氮肥利用率，延长肥料的使用时间。

磷肥的施用遵循早施、深施、集中施原则。磷肥在土壤中易固定，移动性差，不能表施，要集中施在作物根部附近，增加与作物根系接触的机会。磷肥的集中施用，是一种最经济有效的施用方法，因集中施用在作物根群附近，既减少与土壤的接触面积而减少固定，同时还提高施肥点与根系土壤之间磷的浓度梯度，有利于磷的扩散，便于根系吸收。磷肥也要做好与有机肥、氮、钾肥配合施用，有机肥中的粗腐殖质能保护水溶性磷，减少其与铁、铝、钙的接触而减少固定。同时有机肥分解过程中产生的多种有机酸可防止铁、铝、钙对磷的固定，提高土壤中有效磷的含量。总之，磷肥合理施用，既要考虑到土壤条件、磷肥品种特性、作物的营养特性、施肥方法，还要考虑到与其他肥料的合理配比及磷肥后效。

钾肥的施用遵循深施、集中施原则。钾肥深施可减少因表层土壤干湿交替频繁所引起的晶格固定；钾素在土壤中移动性小，因此集中施用可减少钾肥与土壤的接触面积从而减少固定，提高钾肥利用率。菠萝蜜属于多年生果树，应根据果树特点，选择适宜的施肥时期。砂质土壤上钾肥不宜一次施用量过大，应遵循少量多次原则，以防钾的淋失。黏土上则可一次作基肥施用或每次的施用量大些。

肥料的见效时间和肥效持续时间要根据肥料种类，施肥方法以及土壤含水量等情况综合判断。常见氮肥中，尿素的见效时间比一般速效氮晚 3 ~ 4 天，缓控释复合肥主要看氮肥缓控情况，一般 5 ~ 7 天见效，肥效期大概 2 ~ 3 个月。有机肥因种类而定，目前的商品有机肥中速效养分施用后也会很快见效，肥效期大概 3 ~ 6 个月。

5.水肥一体化

水肥一体化是通过灌溉系统来施肥，通常包括水源、肥池、控制系统、田间输配水管网系统和灌水器等四部分，是借助压力系统（或地形自然落差），将可溶性固体或液体肥料配兑成的肥液与灌溉水一起，通过可控管道系统供水、供肥。水肥通过管道均匀、定时、定量，按比例直接供给给作物。施肥方式包括淋施、浇施、喷施、管道施用等。水肥一体化施肥肥效发挥快，养分利用率高，可以避免肥料的挥发损失，既节约肥料，又有利于环境保护。菠萝蜜水肥一体化设施示意图见图5-14。菠萝蜜园水肥一体化见图5-15。

菠萝蜜常用的管道系统有喷灌和滴灌。喷灌是把灌溉水喷到空中，形成细小水滴再落到地面，像降雨一样的灌溉方式。喷灌系统包括水源、动力、水泵、输水管道及喷头等部分。优点是节约水资源，减少土壤结构破坏，调节果园小气候，提高产量和工作效率，地形复杂的山地亦可采用；缺点是可能加重真菌性病害的感染，有风的情况下不宜喷灌。滴灌是以水滴或细小水流缓慢地施于植株根域的灌溉方式。优点是较喷灌节水一半左右；缺点是管道和滴头容易堵塞，肥料损失较高，要求良好的过滤设备。

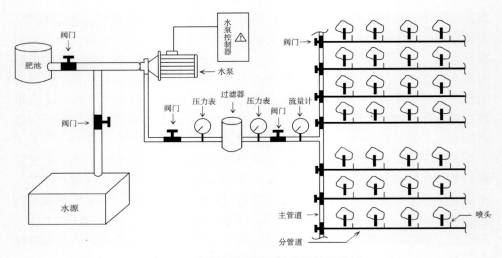

图5-14　菠萝蜜园水肥一体化设施示意图

图5-15　水肥一体化

6.肥料用量的估算

施肥量＝（吸收量－土壤天然供给量）/肥料利用率。影响施肥的因素很多，需要考虑果树需肥特性、土壤供肥情况、产量、肥料利用率等。因在对菠萝蜜施肥时，既可按树龄来确定施肥量，也可按产量水平来确定施肥量，应根据菠萝蜜园土壤养分状况结合叶片分析结果来确定施肥量才是比较科学的方法。

二、幼龄树管理

1.施肥与除草

正常管理条件下，菠萝蜜可在定植第3年进入开花结果期。因而，幼龄菠萝蜜树一般指种植后1～3年未结果或开始结果的树。这时期菠萝蜜的生长特点是，枝梢萌发旺盛，根系分布浅，抗逆能力弱。幼龄树施肥管理的任务是扩大根系生长范围，以促进枝梢生长，抽生健壮、分布均匀的枝梢和形成良好、丰产的树冠结构。除冬季施有机肥作为基肥外，每次抽新梢前施速效肥促梢壮梢。施肥量应根据菠萝蜜的不同生长发育时期而定，随着树龄的增大，逐年增加施肥量，以满足其生长需要。

根据幼龄菠萝蜜的生长发育特点，应贯彻勤施、薄施、生长旺季多施肥的原则。苗木定植后1个月左右，即新梢抽出时应及时施肥。一般10～15天施1次水肥，水肥由人畜粪、尿、饼肥和绿叶沤制腐熟后施用。如果水肥太浓可加水；浓度不够，可加尿素或复合肥施用。一般地，定植一年后，做到"一梢一肥"，隔月1次。1年生幼树每次可株施尿素50～70克或三元素复合肥100克或水肥2～3千克；2～3年生幼树每次可株施尿素100克或复合肥130克或水肥4～5千克。随着树龄增长，用量可逐年增加。要讲究尿素或复合肥施用方法，在平地上可环施，在斜坡上在树苗高处施。在施肥的同时，在菠萝蜜树周围1米内的土层上进行松土。养分供应不足易出现缺素症状（图5-16），表现为生长缓慢。缺氮素时，影响开花结果，有果也不会成熟，叶子呈黄色甚至落叶、落果。缺磷元素时，症状和缺氮素一样，同时果实品质差，口感酸。缺钾素时，叶的末端黄褐色或灰色，而且叶片小，结的果也小，经常不成熟。缺镁时从老叶开始叶脉间缺绿，影响光合作用。因此，在施肥时，N、P、K等元素要合理施用，且要注重中微量元素的补施，推荐有机无机肥配施。养分过量易出现肥害，尤其苗期症状比较明显（图5-17）。

植后2年内，除梢期施肥外，每年秋末冬初可结合扩穴压青施堆肥和厩肥，株施20～30千克加过磷酸钙0.5千克（图5-18，图5-19），以提高土壤肥力，促进菠萝蜜根系生长。

除草工作在定植1个月后进行，以后每1～2个月进行1次，每年3～4次（图5-20）。

缺氮　　　　　　　缺磷　　　　　　　缺钾

缺钙　　　　　　　缺镁　　　　　　　缺硫

缺铁　　　　　　　缺锰　　　　　　　缺硼

缺锌　　　　　　　　正常

图5-16　叶片缺素症状

图5-17　叶片肥害症状

图5-18　滴水线处挖施肥沟

图5-19　撒施肥料

图5-20　除草

2.浇水与覆盖

在菠萝蜜幼龄阶段，要满足果树对水分的需求。规模化种植菠萝蜜地区，浇水工作是非常重要的。因此，宜选择在雨季初定植。在没有降雨的情况下，定植初期，每天至少浇水1次，至6个月龄后可少浇水。在旱季应及时灌溉或人工灌水，可依行距每2～3行布置供水管，采用浇灌，即用皮管直接浇水。如有条件，可以按株行，距离每株茎基部0.5米处接一个喷头开口，操作容易，效果较好。灌水一般在上午、傍晚或夜间土温不高时进行。

在雨季，如果园地积水，排水不良，也会影响菠萝蜜生长。因此，在雨季前后，对园地的排水系统进行整修，并根据不同需求，扩大排水系统，保证果园排水良好。

果树在幼龄阶段应予覆盖，可以保持植株周边土壤湿润和减少水分蒸发。各种干杂草、干树叶、椰糠或间种的绿肥等都可以作覆盖材料（图5-21），覆盖时间一般从雨季末期开始，离主干距离15～20厘米覆盖，厚度以5～10厘米为宜。海南炎热干旱的季节土壤温度高达30～45℃，干杂草覆盖可以降低地表温度5℃左右，有利于减少水分蒸发，调节土温，夏季降温，冬季保温，不仅改善了土壤理化性状，而且改良了土壤团粒结构，增加了土壤湿度、有机质含量和土壤微生物多样性，因而有利于根系的生长和养分的吸收。

图5-21　幼龄树覆盖

3.修枝与整形

　　菠萝蜜修枝与整形是根据菠萝蜜的生长发育规律，结合土肥水、品种及管理技术措施，按照管理的要求修剪成一定的形状，这也是菠萝蜜生产中技术含量较高的管理环节，是决定一个果园产量、质量高低以及经济效益多少的关键因素。修枝与整形的实践证明："果树要高产，必须常修整；肥水基础好，剪刀赛神仙"，"果树不修整，枝繁果难见，病虫来缠绕，锯子作了断"。生产管理技术人员对修枝与整形技术掌握的程度，首先取决于对其意义与作用的认识水平。

果树修枝与整形的目的，就是要把树体培养成符合现代农业标准化生产所要求的树冠结构，使树体在便于管理和减少投工的同时，具有较强的结果能力、负载能力和适应抗御不利环境的能力，从而使树体达到生长健壮、优质、高产的目的。

修剪是指对果树上不合要求的枝条通过技术性修整和剪截措施，实现科学化的性能改造。比如常见的短截、疏枝、缓放、回缩、弯曲、造伤等修整方法。修枝的目的多种多样，培养骨干枝和结果枝组，控制树冠的大小，调节营养生长和生殖生长的关系，保护树体减少自然灾害与病虫危害等。

整形是指根据果树生产的需要，通过修枝技术把树冠整成一定大小、结构与形状的过程，最后实现目标树型。在生产上为了使树体的骨架结构分布合理和生长健壮，便于各种栽培管理和充分利用太阳光达到优质高产，一般都要进行树冠整形。

对菠萝蜜进行修剪的目的在于形成合理的树冠结构。适度的修剪，是培养主枝和二、三级分枝的关键。

一般地，菠萝蜜以修剪成金字塔形或宽金字塔形（俗称伞形）树冠为佳。菠萝蜜树的骨干枝是整个树冠的基础，它对树体的结构、树势的生长发育和开花结果都有很大影响。因此，必须在幼龄树阶段开始修枝整形，以培养好的树型结构，为丰产打下基础。要求每层枝的距离0.8～1米，使分枝着生角度适合，分布均匀，其技术要点是：幼苗期让其自然生长，当植株生长高度至1.5米左右时，即进行摘心去顶，让其分枝。抽出的芽应按东、南、西、北四个方位选留3～4个健壮、分布均匀，与树干呈45°～60°生长的枝条培养一级分枝，选留的最低枝芽距离地面应1米以上，多余的枝芽全部抹除。当一级分枝长度达1.2～1.5米时，再进行摘心去顶，以培养二级分枝。要求选留2～3条健壮、分布均匀，斜向上生长的枝条作培养二级分枝，剪除多余的枝条。如此类推，最后经过3～4次的摘心去顶，就可形成金字塔形或开张的树冠（图5-22）。

对菠萝蜜进行修枝、整形应掌握以下要求：

一是修枝整形时间以每年开春季节的2—3月开始为宜，可采用剪枝、拉枝、吊枝或撑枝等方法整形（图5-22，图5-23）。

二是以交叉枝、过密枝、弱枝、病虫枝等为主要修枝对象（图5-24）。修剪时首先针对果树枝叶茂密、妨碍阳光照射的果树树叉（图5-25至图5-27）。由下而上进行，修剪口往上斜切，防止伤口积水腐烂，最好在伤口涂上防护剂（图5-28）。

三是对种植1～3年的树进行修剪，形成层次分明、疏密适中；树形不宜太高，以高度3～5米为好（图5-29，图5-30）。

图5-22　修剪前

图5-23　修剪后

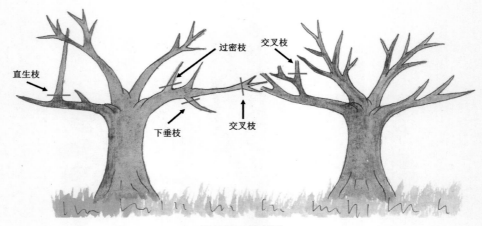

图5-24 修剪后

图5-25 剪除直生枝

图5-26 剪除下垂枝

图5-27 剪除交叉枝

图5-28 伤口涂防护剂

图5-29 1～2年生树形

图5-30　3～5年生树形

三、成龄树管理

1.施肥

菠萝蜜嫁接苗2～3年就可开花结果。菠萝蜜植株在生长发育过程需肥量较大，而且需要氮、磷、钾等各种营养元素的供应。因此，必须根据其不同的生长发育阶段，合理施用肥料。比如按照一年集中一个采果时期的管理方式，可大致分为花前肥、壮果肥、果后肥等，以满足其生长需要，促进新梢生长、花芽分化和果实发育，并保持植株生势。根据菠萝蜜开花结果的物候期（以海南物候期为例），对结果树（即成龄树，其高产示范园见图5-31）施用氮、磷、钾肥，并与有机肥搭配施用，每个结果周期施肥3～4次。具体施用时间与用量如下：

（1）花前肥　在菠萝蜜冬春发芽、抽花序前施速效肥，以促进新梢生长与开花结果。一般在12月中下旬施用，每株施尿素0.5千克、氯化钾0.5千克或复合肥1～1.5千克。同时可在花期结合叶面喷施0.2%的硼钙叶面肥2次，每次间隔1周左右。

（2）壮果肥　在菠萝蜜果实迅速增长的时期施保果肥，以促进果实的生长发育。在海南的2—4月，为菠萝蜜果实迅速膨大的时期，而此时正值海南干旱少雨季节，故必须进行灌溉、施肥，保花保果，提高产量。一般在次年3—4月前后施用，每株施尿素0.5千克、氯化钾1～1.5千克、钙镁磷肥0.5千克、饼肥2～3千克，同时结合叶面肥喷施2次浓度为0.2%的螯合钙和磷酸二

图5-31　菠萝蜜高产示范园

氢钾液肥，每次间隔1周左右。满足坐果期对钙、钾的旺盛需求，促进果实膨大，改善果色，防止落果、畸形果等，提高果实的内外品质。

（3）果后肥　施养树肥是菠萝蜜稳产的一项重要技术，施好养树肥能及时给植株补充养分，以保持或恢复植株生势，避免植株因结果多、养分不足而衰退。在采收菠萝蜜果实后，要及时重施有机肥和施少量化肥，随着树龄的增大，逐年增加施肥量，以满足其生长需要。一般在7月中下旬施用，每株施有机肥25～30千克、饼肥2～3千克（与有机肥混堆）、复合肥1～1.5千克（图5-32）。

图5-32　果后肥施用方法

2. 促花

在生产过程中，有许多因素会引起菠萝蜜树不开花。可能是栽培方法不得当的原因，也可能是内在遗传原因，或者由气候因素和生长环境所引起。在生产中，常采用下述对策来解决不结果的问题（表5-1）。

表5-1　菠萝蜜不结果的几种原因及解决方法

种类	不结果的原因	解决方法
1	果树缺乏营养元素	补充肥料
2	营养足，因土壤呈酸性，养分不能被有效吸收	施石灰
3	果树生长过于茂盛，造成叶片稠密	通过修剪，剪去部分叶片，增加树冠通透性
4	树苗状况不佳，来自不够好的种子或母株不够好	换种优良品种
5	气候条件和生长环境	除去树苗，用适合的品种代替

对于如何来调整果树营养生长和生殖生长的关系，可以通过水肥控制，如氮钾肥的配比调节，适度干旱胁迫，传统的庭院菠萝蜜生产中常见用砍刀砍伤树干皮层至流出乳汁（俗称伤流），目的是切断光合产物向下输送到根系，抑制根系生长，并使这些光合产物积累在枝条上，促进花芽分化，其作用与环割相似。切记不能砍（割）得太深，而以刚到木质部为好。实施砍伤时还须注意刀具的清洁，处理部位应距地面50～200厘米或更高些；砍伤的方向由下而上，不按顺序砍。此外，刺激菠萝蜜开花结果的方法还可采用捆铁丝法和钻洞法。

捆铁丝法：对菠萝蜜树捆铁丝的目的在于阻碍从叶部到下部的根、茎形成物质的输送。把经过光合作用产生的物质积累在茎干、树枝上，促进开花结果。通常在离地面0.5～1米的主干上或离分枝处0.25～0.5米处用铁线捆紧。待到出现花蕾时再解开铁线。用这种方法没有伤及形成层或木质部系统，风险小又容易操作。缺点是刺激开花有效程度还需较长时间的观察，且结果后要及时解开铁丝。

钻洞法：这是一种快捷促花的方法。此法仅对无病且树龄在28～30个月或种子种植起有3～3.5年龄的菠萝蜜树。2—3月进行钻洞，2个月后就会出现花蕾。但须要注意：钻洞用的钻头直径1～1.5厘米，使用前要清洁工具。钻洞的位置离地面高100～125厘米，水平钻孔，深度在4～5厘米，钻孔内装满叶面肥，然后用干净的布或棉花塞孔。

香饮所菠萝蜜研究团队经过前期研究和实践验证提出了一套适度干旱＋修

剪+配方肥的催花方案。催花前修剪直生枝、交叉枝、过密枝、病虫枝和下垂枝，树冠内膛的枝条着重修剪，保持结果枝和冠头部位通风透光，树枝的修剪量达到总树枝的30%～35%。修剪后施养树肥（有机肥和钙镁磷肥），同时每株根际喷施高磷钾水溶性复合肥1.0千克，15天后喷施第2次高磷钾水溶性复合肥1.0千克；结合叶背喷施0.2%的磷酸二氢钾溶液和0.1%的硼酸溶液1次，间隔7天后喷施0.1%的螯合钙溶液1次，此操作7天后再进行1次。施肥期间土壤干湿交替，灌溉水的体积为日常管理的30%～35%。该方案在生产实践中显著促进植株开花。

3.疏果

正确地进行疏果，控制每株结果数量，是确保菠萝蜜稳产、优质的一项重要措施。在果实直径6～8厘米时进行人工疏果，疏除病虫果、畸形果等不正常的果实，选留生长充实、健壮、果形端正、无病虫害、无缺陷，着生在粗大枝条上的果实。留果数量也要控制，留果过多易造成树势弱，植株缺素，果实发育不良（图5-33）。一般，菠萝蜜种植2～3年后结果，马来西亚1号等大

图5-33　菠萝蜜留果过多，植株缺素

果形品种，定植第3年结果树每株留1 ~ 2个果，第4年每株留3 ~ 4个，第5年每株留6 ~ 8个，第6年每株留8 ~ 10个，之后盛产期每株留12 ~ 20个，其高产树结果见图5-34和图5-35；常有木菠萝、四季木菠萝等中小果形品种，定植第3年结果树每株留2 ~ 3个果，第4年每株留4 ~ 8个，第5年每株留10 ~ 14个，第6年每株留16 ~ 20个，之后盛产期每株留20 ~ 30个。实际生产中根据植株长势和单果重量适当增减单株留果数量。

图5-34 菠萝蜜高产结果树1

图5-35 菠萝蜜高产结果树2

4.套袋

菠萝蜜在幼果或成熟果期，经常会招来果蝇等害虫危害，造成烂果。因此，在幼果长1个月后就要进行包果或套袋。这项工作是在疏果并对果树病虫害防治之初进行。套袋用的材料主要有尼龙网袋、无纺布袋等。用塑料袋时，要留下小孔，利于空气流通。套袋要宽松些，预留果实长大的空间。套袋时不要碰伤果柄，用绳子扎袋口也不要扎得太紧（图5-36）。是否采用此项措施应根据实际而定。

图5-36　果实套袋

5.修剪

成龄树的修剪可根据树势情况在晴天进行，尤其在果实采收后应重点修剪，修剪原则见幼龄树的管理，以过长枝条、交叉枝、下垂枝、徒长枝、过密枝、弱枝和病虫枝为主要修枝对象，植株高度控制在5米以下，结果树修剪宜轻，对中下部枝条尽量保留，对个别大枝、树冠株间的交接枝条也剪去，使枝叶分布均匀，通风透光（图5-37，图5-38）。树冠枝叶修剪量应根据植株长势而定。一般当枝条直径大于3厘米时，修剪口需涂上防护剂，如油漆或涂白剂。特别注意，在每年台风来临前要加重树体修剪量，尽量减少台风受损面。

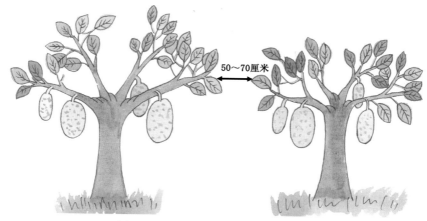

50～70厘米

图5-37 树冠株间的交接枝条也剪去

图5-38 修剪徒长枝条

第六章

菠萝蜜病虫害防治

菠萝蜜病虫害对菠萝蜜生产构成很大的威胁，发生严重时，果实受害率达30%～40%。有效地防治菠萝蜜病虫害，是菠萝蜜丰产稳产不可缺少的重要环节。

近年来，随着菠萝蜜产业的迅猛发展，国内外种植面积逐年增长，病虫害是制约其高效生产的其中因素之一。从危害程度来看，目前国内外危害菠萝蜜的主要病害包括：炭疽病、蒂腐病、花果软腐病、红粉病、叶斑病、根病等；主要虫害包括：黄翅绢野螟、桑粒肩天牛、茶角盲蝽、橘小实蝇等。其中黄翅绢野螟因钻蛀果实，造成产量和品质下降，对菠萝蜜产业造成重要影响。

Basak等调查了孟加拉国吉大港地区菠萝蜜种植区由臭椿盘长孢刺盘孢（*Colletotrichum gloeosporioides* Penz）引起的菠萝蜜叶斑病的发生危害情况，结果表明，绝大多数菠萝蜜树已经发病危害，吉大港大学校园比周边其他地区的植株发病率高，且矮树冠和低洼地带的植株发病率高。另外，Haque等研究了由可可球二孢（*Botryodiplodia theobromae*）引起的菠萝蜜叶枯病的发生规律。Ruben M. Gapasin等在菲律宾发现了一种由斯氏欧文氏菌（*Pantoea stewartii*）引起的菠萝蜜锈斑病。Martinez等调查菲律宾莱特省、南莱特省、萨马省、北萨马省和东萨马省的菠萝蜜病虫害种类，共鉴定出12种病害和12种虫害，其中，三带实蝇（*Bactrocera umbrosa*）、野螟科（Pyraustid）、象鼻虫科（Curcullionid）是优势种群，花腐病（*Rhizopus nigricans*）和果腐病（*Diplodia artocarp*）是主要病害，针对这些主要病虫害，研究者总结了主要病虫害的防治措施。Butani研究报道了危害印度菠萝蜜的黄翅绢野螟（*Diaphania caesalis*）、小蠹虫（*Platypus indicus*）、沫蝉（*Cosmoscarta relata*）、粉蚧（*Nipaecoccus viridis*）、透翅毒蛾（*Perina nuda*）、*Diaphorina bivitralis*、桃蛀螟（*Dichocrocis punctiferalis*）、蚜虫（*Greenidea artocarpi*）和橘二叉蚜（*Toxoptera aurantii*）等主要虫害的形态学特征、危害症状和防治措施。Martinez评价了套袋、杀虫剂、农业措施(清除受害果实)、引诱剂等不同防治措施对菠萝蜜果蝇（*Bactrocera umbrosa*）的防治效果。据McMillan报道，在花期和幼果期可通过喷氢氧化铜和二氯硝基苯胺(DCNA)防治菠萝蜜软腐病。N Iboton Singh研究了杀菌剂对菠萝蜜果腐病的防效。随着蛀果害虫黄翅绢野螟为害日益严重，国外专家在该虫防治研究上做了大量工作。孟加拉国农业大学最早对黄翅绢野螟的形态特征、发育周期等生物学特性进行了研究，并筛选了部分化学药剂用于该虫的防治。印度北方邦勒克瑙亚热带园艺中心研究所研究了氯氰菊酯类农药和杀螟硫磷对黄翅绢野螟的防治效果，介绍了使用上述药剂的防治时段及防治方法。该研究中心联合印度班加罗尔大学开展了菠萝蜜不同种质资源对病虫害的抗性研究，试图筛选优异抗性种质来降低病虫的危害；另外，印度班加罗尔大学开展了黄翅绢野螟的13种天敌资源的收集与鉴定工作，但未成功应用于该虫田间防治。

国内李增平等于1999年4月至2001年7月间对海南省儋州、澄迈、琼山、琼海、万宁、保亭、通什、琼中、白沙和文昌等10个市（县）的菠萝蜜病害进行了调查与病原鉴定，发现海南岛菠萝蜜病害共21种。其中，真菌病害14种、寄生线虫病害1种、寄生植物病害2种、生理性病害2种、病原未明病害2种(丛枝病、根腐病)；发生较为严重的有炭疽病、绯腐病、拟盘多毛孢叶斑病、叶点霉叶斑病、链格孢叶斑病及花果软腐病。发现尾孢霉、弯孢霉等几种较为少见的叶斑病，以及红根病、褐根病、根结线虫病3种根部病害。钱庭玉通过对云南西双版纳以及海南岛的菠萝蜜上的天牛类害虫的调查发现，危害这两个地区菠萝蜜的天牛类害虫主要有桑天牛 [*Apriona germari*（Hope）]、南方坡翅天牛（*Pterolophia discalis* Gressitt）、桑枝小天牛（*Xenolea tomenlosa*）、六星粉天牛 [*Olenecamptus bilobus*（F.）] 以及榕八星天牛 [*Batocera rubus*（L.）]。弓明钦在1978—1979年对广东（含海南）及广西菠萝蜜软腐病的发生情况进行了调查，并对该病害的危害症状、发生规律和防治措施进行了详细描述。简日明对菠萝蜜黄翅绢野螟的危害症状、形态特征和防治方法也进行了系统研究。据洪宝光等报道，针对菠萝蜜甲虫，可以采取如下防治措施：药剂可用敌敌畏100倍液加丙溴磷800倍液（或毒死蜱600倍液），防治方式可涂树干（再加展着剂），或针灌虫洞，或涂树干后用塑料薄膜包住。

2009—2021年，香饮所菠萝蜜课题组等对海南省国营西联农场、东升农场、南金农场，海南万宁、陵水、保亭、文昌、琼海、乐东等市（县）以及广东省高州、阳江、湛江、茂名等菠萝蜜主产区进行了病虫害调查，目前危害海南省菠萝蜜的主要病害包括：锈斑病、炭疽病、蒂腐病、花果软腐病、褐根病、绯腐病、红粉病、酸腐病、叶斑病和根结线虫病等；主要害虫包括：榕八星天牛、桑肩粒天牛、黄翅绢野螟、素背肘隆螽、南方坡翅天牛、桑枝小天牛、六星粉天牛和介壳虫等。其中以炭疽病、蒂腐病、花果软腐病、褐根病、绯腐病、榕八星天牛、桑肩粒天牛、黄翅绢野螟为害较严重，应作重点防治。调查还发现2种新病害，由帚梗柱孢霉引起的菠萝蜜果腐病、由腐皮镰刀菌引起的菠萝蜜果柄枯萎病。果实出现锈斑症状在一些果园中出现的概率较高，特别冬春阴雨季节开花结出的果实中，比率可高达80%以上。在一些病虫害严重的果园，因花果软腐病、炭疽病、蒂腐病引起的果实腐烂脱落率达30%～40%，天牛对树体主干的危害率达10%～15%。此外，黄翅绢野螟对果实的危害率高达40%～60%，孟倩倩在该虫绿色防控关键技术方面开展了大量研究，明确了该虫的生物学特性和田间发生动态，开展了化学药剂的抗药性研究，筛选出3种高效低毒药剂，结合田间种群发生动态，研发了田间化学农药精准防控技术，并在田间成功应用套袋技术进行绿色防控。目前正在进行该虫性信息素的诱杀研究，并初见成效。广东省菠萝蜜的主要病虫害种类同海南省情况类似，防治方法可参考。

第一节　主要病害防治

一、菠萝蜜炭疽病

1.危害症状

菠萝蜜炭疽病为菠萝蜜常见病害之一，叶片、果实均可发病（图6-1）。叶片受害，病斑近圆形或不规则形，初期呈褐色至暗褐色，周围有明显黄晕圈；发病中后期，病斑中央产生棕褐色小点，易破裂穿孔。果实受害后，呈现黑褐

果实症状

叶片症状

图6-1　菠萝蜜炭疽病

色圆形斑，其上长出灰白色霉层，引起果腐，导致果肉褐坏。该病是造成果实成熟期与储运期腐烂的重要原因之一。

2.病原菌

菠萝蜜炭疽病病原菌为炭疽菌属（*Colletotrichum*）真菌（图6-2）。在培养基上，菌落灰绿色，气生菌丝白色绒毛状，后期产生橘红色分生孢子堆。分生孢子盘周缘生暗褐色刚毛，具2～4个隔膜，大小（74～128）微米×（3～5）微米。分生孢子梗短圆柱形，无色，单胞，大小（11～16）微米×（3～4）微米。分生孢子长椭圆形，无色，单胞，（14～25）微米×（3～5）微米。

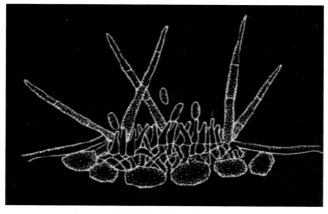

图6-2　炭疽菌分生孢子盘及分生孢子

3.发生规律

该病全年均可发生，以4—5月较严重。病菌以菌丝体在病枝、病叶及病果上越冬。翌年越冬的病菌作为初次侵染来源，侵染嫩叶及幼果。病菌侵入后在幼果内潜伏，分生孢子借风雨释放和传播，昆虫也是传播媒介之一。各个生长时期均受害，以幼树受害最为严重，常引起叶片坏死脱落。菠萝蜜开花后，病菌可潜伏侵染幼果，从而存活于果实内，于果熟期扩展引起果腐，危害较重。果园田间管理不善，树势弱，病害较为严重。

4.防治方法

（1）农业防治　①加强栽培管理，增施有机肥、钾肥，及时排灌，增强树势，提高植株抗病力。②搞好田园卫生，及时清除病枝、病叶、病果集中烧毁或深埋，冬季清园。

（2）化学防治　适时喷药控制。在幼果期，选用25％咪鲜胺水乳剂或10％苯醚甲环唑水乳剂800～1 000倍液，或50％多·锰锌可湿性粉剂500～800倍液喷雾幼果，每隔7～10天喷施1次，连喷2～3次。

二、菠萝蜜蒂腐病

1.危害症状

菠萝蜜蒂腐病主要危害果实，病斑常发生于近果柄处，初期呈现针头状褐色小点，后扩展为水渍状深褐色的圆形病斑，边缘浅褐色；病部组织变软、变臭，溢出白色胶质物，为病菌的分生孢子团（图6-3）。受害果实往往提早脱落。

图6-3　菠萝蜜蒂腐病

2.病原菌

半知菌类球二孢属（*Botryodiplodia*）真菌（图6-4）。分生孢子器埋生于寄主组织表皮下，单生或聚生在子座内，扁球形、椭圆形、不规则形，顶端有乳头状突起。产生分生孢子的类型为环痕型，其分生孢子初无色，后呈浅褐色，单胞或双胞，横隔处无缢缩，圆形和长椭圆形。分生孢子梗短、直立、不分枝。

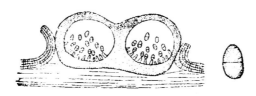

图6-4　球二孢分生孢子器及孢子

3.发生规律

该病菌以菌丝体和分生孢子器在病枝及病果上越冬。第二年春，气候条件适宜时，长出大量的分生孢子作为初次侵染来源，侵染菠萝蜜的幼果。由于幼果的抗病性较强，病菌侵入后潜伏在果内，待果实开始成熟、抗病性较低时便陆续出现症状。此外，病菌还从伤口侵入，挂果期间受台风侵袭或虫害所造成的果面受伤，都是病菌侵入的重要途径。一般每年3月开始发生，4—7月果实大量成熟时最为严重。在果实成熟期和储运期间，往往造成果实大量腐烂，发病率一般为10%～20%，严重时可达30%～40%。

4.防治方法

（1）农业防治　在生产管理采收时要尽量减少果实受伤，在储藏运输时，最好用纸进行单果包装，以避免病果相互接触，增加传染。

（2）化学防治　幼果期喷药保护，特别是在台风雨过后加强喷药保护。在幼果期及果实采收前后，选用42%噻菌灵悬浮剂或25%咪鲜胺水乳剂800～1 000倍液，或50%多·锰锌可湿性粉剂500～800倍液喷雾果实，每隔7天喷施1次，连喷2～3次。

三、菠萝蜜花果软腐病

1.危害症状

花序、幼果、成熟果均可受害，受虫伤、机械伤的花及果实易受害。发病初期病部呈褐色水渍状软腐，随后在病部表面迅速产生浓密的白色绵毛状或丝状物，其中央产生灰黑色霉层（图6-5）。花序感病后腐烂、脱落，幼果感病后变黑、软腐、脱落，近成熟果感病后果肉软腐变黑，失去食用价值，最后全果腐烂。

图6-5　受害果实

2.病原菌

菠萝蜜花果软腐病病原菌为匍枝根霉（*Rhizopus nigricans*）（图6-6）。由分枝、不具横隔的白色菌丝组成。在基质表面横生的菌丝叫匍匐菌丝，匍匐菌丝膨大的地方向下生出假根，伸入基质中以吸取营养；向上生出数条直立的孢子囊梗，其顶端膨大形成孢子囊。孢子囊内形成具多核的孢囊孢子。孢子囊成熟后破裂，黑色的孢子散出落于基质上，在适宜的条件下，即可萌发成新的菌丝体。

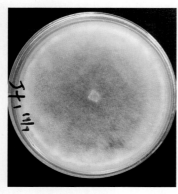

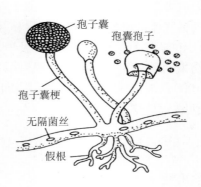

病原菌菌落　　　　　　　　　匍枝根霉菌丝及假根

图6-6　花果软腐病病原菌

3.发生规律

菠萝蜜花果期重要病害之一，在我国菠萝蜜各产区发生普遍且严重。在海南产区果实发病率严重时可达70%～80%。病菌腐生性强，易从伤口或长势衰弱的部位侵入，可以附着在病残体上营腐生生活。病菌最先危害幼嫩枝叶、幼果，孢囊孢子多附着在烂果、枝干基部及表层土壤越冬，当条件适宜时，病菌由伤口侵入，后产生大量孢子随气流、风雨传至其他花序和果实上危害。病菌喜温暖湿润气候，最适生长温度为23～28℃，最适宜的湿度在80%以上。闷湿条件下，极易感染发病。

4.防治方法

（1）农业防治　及时清除树上和周围感病的花、果及枯枝落叶并集中烧毁或深埋。

（2）化学防治　在开花期、幼果期适时喷药护花护果，可选用10%多抗霉素可湿性粉剂或80%戊唑醇水分散粒剂800～1 000倍液，50%甲基硫菌灵悬浮剂或90%多菌灵水分散粒剂1 000倍液。每隔7～10天喷施1次，连喷2～3次。

四、褐根病

1.危害症状

病树长势衰弱，易枯死。病根表面粘泥沙多，凹凸不平，表面可见铁锈色、疏松绒毛状菌丝和黑色革质菌膜，木质部长有单线渔网状褐纹（图6-7）。

2.病原菌

担子菌门层孔菌属（*Phellinus* sp.）真菌。子实体木质，无柄，半圆形；边缘略向上，呈锈褐色；上表面黑褐色；下表面灰褐色不平滑，密布小孔。

3.发生规律

病菌在土壤中或病残体上越冬，成为翌年主要初侵染源，病菌从根茎部或根部伤口侵入，通过雨水或灌溉水进行传播和蔓延。地势低洼、排水不良、田间积水、植株根部受伤的田块发病严重。多雨季节发病严重，前茬种植橡胶树的园块易发病。

4.防治方法

（1）农业防治　重病植株挖出、晒干烧毁。为阻止病害传播扩散，在发

植株受害症状   根部受害症状

图6-7 菠萝蜜褐根病

病植株与健康植株之间挖一条宽30厘米、深40厘米的隔离沟，定期清理沟内积土和树根。

（2）化学防治 轻病株用75%十三吗啉乳油300 ～ 500倍液淋灌树头周围根系。

五、绯腐病

1.危害症状

一般在树干分叉处发生危害。感病初期，病部树皮表面出现蜘蛛网状银白色菌索，随后病部出现灰褐色、萎缩、下陷，爆裂流胶，最后出现粉红色泥层状菌膜，皮层腐烂，这是本病最显著的特征。经过一段时间后，粉红色菌膜变为灰白色。在干燥条件下，菌膜呈不规则龟裂。重病枝干、树皮腐烂，露出木质部，病部上面枝条枯死，叶片变褐枯萎，下面健康部位抽出新梢（图6-8）。

图6-8 绯腐病危害症状

2.病原菌

担子菌亚门伏革菌属鲑色伏革菌（*Corticium* sp.）。担子果平铺成1层，松软，膜质，呈粉红色，边缘白色。

3.发生规律

海南陵水、琼中、文昌等种植园发生普遍且危害严重。病菌以菌丝体及白色菌丛在病部越冬。翌年2月下旬病菌开始从病部向健部蔓延；3月上旬在病健交界处的红色菌丛中开始产生分生孢子，分生孢子通过雨水传播，从伤口侵入，引起初侵染。温度、降水量对菌丝、分生孢子、担孢子的产生、传播以及对新病斑和白色菌丛的形成至关重要。土壤黏重、低洼、排水不良和树龄长的果园发病重。枝条过密、环境湿度大的果园容易发病。前茬种植橡胶、芒果的园块也易发病。

4.防治方法

（1）农业防治 前茬种植橡胶和芒果的园地，整地时应将剩余的根、枝条清理干净，并进行土壤消毒处理。

（2）化学防治 发病初期，选用80%波尔多液可湿性粉剂或47%春雷·王铜可湿性粉剂500 ～ 800倍液喷雾枝条，每隔7 ～ 10天喷施1次，连喷2 ～ 3次。发病后期则应砍除病枝，然后再喷药保护。

六、菠萝蜜帚梗柱孢霉果腐病

1.危害症状

该病主要危害果实，幼果、成熟果均可受害，受虫伤、机械伤的果实易感病。果实发病初期产生圆形或椭圆形褐色水渍状病斑；随后病斑迅速扩大，病健交界清晰且略显凹陷，病部表面产生浓密的白色绒毛状菌丝，中间散生许多橙色小颗粒，为病原菌的微菌核和厚垣孢子；后期病斑扩散成片呈深褐色不规则形，表面带有白色霉层，仍散生一些橙色小颗粒，果实腐烂（图6-9，图6-10）。

图6-9　帚梗柱孢霉果腐病受害症状

图6-10　吊梗柱孢霉果腐病受害症状

2.病原菌

菠萝蜜吊梗柱孢霉果腐病病原菌为真菌吊梗柱孢霉(*Cylindrocladium* sp.)，其分生孢子梗直立，无色分隔，上部二叉或三叉状分枝，近似青霉菌的扫帚状分枝，分生孢子产生在产孢梗末端，常由黏液保持成束。在分生孢子梗中央可产生不育附属丝，附属丝具有多个分隔，顶端泡囊多为椭圆形或倒梨形。菌丝在15～35℃间均能生长，25～35℃是病菌的生长适温。分生孢子着生于小梗顶端，无色，圆柱状，两端钝圆，具有0～2个隔膜，大小为(35～43)微米×(2.5～4.0)微米。

3.发生规律

冬季(12月至翌年2月)气温降低，雨水减少，病菌开始越冬。越冬时，在病斑表面形成散生的褐色小颗粒，即拟菌核。病菌以拟菌核和厚垣孢子的形式在老病株上或病残体中越冬。春季(3—4月)气温回升，雨水多，厚垣孢子萌发成菌丝侵染危害；空气潮湿、气温适宜时，病部表面产生霉状的分生孢子，并随雨水和空气传播再次侵染为害。分生孢子萌发时从隔膜或者两端伸出芽点，然后逐渐伸长和分叉形成菌丝侵入寄主表皮。在我国南方，4—9月雨水相当丰富，病菌可发生多次再侵染危害，5—8月为发病高峰期。

4.防治方法

（1）农业防治　在种植时要适当控制植株密度，及时修剪老弱病残枝，改善通风条件；注意排水防涝，减少病菌滋生条件；雨后及时施药，加强对病害的防治。

（2）化学防治　早春开始用50%多菌灵500倍液防治，可有效防止病害的发生。

七、菠萝蜜红粉病

1.危害症状

该病常与蒂腐病菌、根霉菌一起危害，造成果实后期褐色腐烂。病部表面有一层霉状物，初为白色，后为淡粉红色（图6-11）。

图6-11　菠萝蜜红粉病

2.病原菌

该病的病原菌为粉红单端孢菌（*Trichothecium roseum*）（图6-12），其菌丝无色，具分隔；分生孢子梗无色、直立、不分隔或少分隔，大小（82 ~ 189）微米 ×（2.2 ~ 3.0）微米；分生孢子无色、双胞、长圆形或洋梨形，孢基具一偏乳头状突起，大小（12 ~ 18）微米 ×（8 ~ 10）微米；菌落初白色，后渐变粉红色。

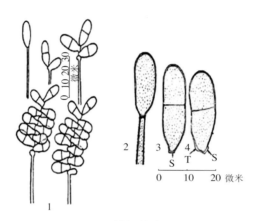

图6-12　粉红单端孢菌

1.分生孢子与孢子的形成顺序；2.分生孢梗的第一个孢子的形成；3.脱落的第一个分生孢子（S处指着生脐）；4.后来形成的（非第一个）分生孢子，T处指与隔邻孢子相接触处的加厚部

3.发生规律

该病原菌属于弱寄生菌，只侵染寄主抗病性较弱的生长阶段，危害成熟果较多，很少危害青果。病菌多从伤口或自然孔侵入寄主内。水肥管理失调，果实自然裂伤多，有利于病害发生；果实病虫防治不及时，病虫伤较多，树冠郁闭高温高湿有利于病害发生。因此，病害的发生与果实表面的受伤情况关系密切。运输时，病果可相互接触传染。

4.防治方法

（1）农业防治　在田间要注意防治危害果实的害虫，要小心采收，运输时尽量避免损伤果实。

（2）化学防治　采收下来的果实用50%可灭丹（苯菌灵）可湿性粉剂800倍液，或20%三唑酮乳油1 000倍液，或40%噻菌灵胶悬剂500 ~ 800倍液浸泡5 ~ 6分钟，晾干后用纸进行单果包装，防止病菌相互接触传染。

八、菠萝蜜酸腐病

1.危害症状

菠萝蜜酸腐病果实受害部位褐色变软，表面有一层白色的霉层，果实内部很快变褐软腐，并有汁液流出，散发出酸臭味（图6-13）。

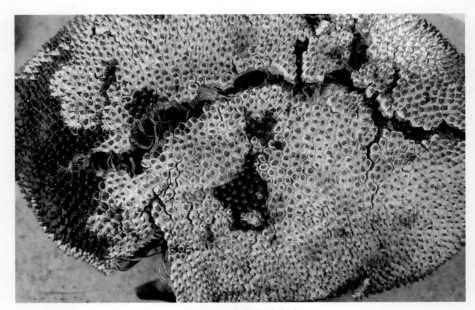

图6-13 菠萝蜜酸腐病

2.病原菌

菠萝蜜酸腐病的病原菌为白地霉（*Geotrichum candidum*）。其菌丝断裂为串生节孢子（图6-14），无色，初为矩形，后呈卵圆形，孢子两端钝圆。

3.发生规律

该病主要危害成熟果。病害发生与果实表面受伤情况关系密切。病菌在落地病果、土壤中越冬，有一定的腐生性。主要借助风雨和昆虫传播。病菌易从受损伤成熟果的伤口侵入。风雨吹袭，果实采收、储运过程接触与摩擦造成损伤，都是该病传播侵染的有利时机。病菌孢子落到成熟果实上吸水萌发，从伤口侵入果肉，吸取果内养分，同时分泌酶分解熟果的薄壁组织，致使果肉腐坏、变酸发臭。采后储藏期高温高湿易于发病。

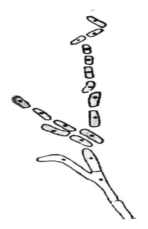

图6-14　白地霉节孢子

4.防治方法

（1）农业防治　采收、运输时尽量避免损伤果实。

（2）化学防治　果实采收后用双胍盐1 000倍液或40％噻菌灵胶悬剂500 ～ 800倍液浸泡5 ～ 6分钟，晾干后用纸单果包装，防止病菌相互接触传染。

九、菠萝蜜白绢病

1.危害症状

菠萝蜜白绢病主要危害根颈部及果实。在潮湿条件下，受害的根颈表面或近地面土表覆有白色绢丝状菌丝体（图6-15）。后期在菌丝体内形成很多油菜籽状的小菌核，初为白色，后渐变为淡黄色至黄褐色，以后变茶褐色。

2.病原菌

该病的病原菌无性世代为半知菌亚门无孢菌群小菌核属齐整小核菌（*Selerotium rolfsii* Sacc）。

3.发生规律

白绢病菌以菌丝体或菌核在土壤中或病根上越冬，第二年温度适宜时，产生新的菌丝体。病菌在土壤中可随地表水流进行传播，菌丝在土中蔓延，侵染植株根部或根颈部。在酸性至中性的土壤和沙质土壤中易发病；土壤湿度大，有利于病害发生，特别是在连续干旱后遇雨可促进菌核萌发，增加对寄主侵染

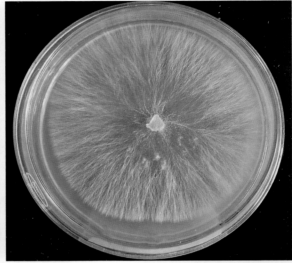

受害果实　　　　　　　　　　　　白绢病病原菌菌落

图6-15　菠萝蜜白绢病

的机会；连作地由于土壤中病菌积累多，苗木也易发病；在黏土地、排水不良、肥力不足、苗木生长纤弱或密度过大的苗圃发病重。根颈部被强日照灼伤的植株也易感病。

4.防治方法

（1）农业防治　选择土壤肥沃、土质疏松、排水良好的园地。对轻病植株可挖开根颈处土壤，晾晒根颈数日或撒生石灰，进行土壤消毒。

（2）化学防治　在发病初期可用80%波尔多液可湿性粉剂1 000倍液浇灌或喷洒病部及周围，每隔10天左右喷1次。

十、菠萝蜜果柄枯萎病

1.危害症状

菠萝蜜果柄枯萎病主要危害菠萝蜜中、大果实的果柄，初期感病表皮颜色褪绿、逐步褐变，呈萎蔫、皱缩状态，表面通常不软烂、偶见流胶及凝固的胶斑，未见菌丝及其形成的霉层或霉点；染病果柄横切可见维管束呈褐色，健康果柄和染病果柄表面及横切具体如图6-16，图6-17。后期果柄干枯，并导致果实失水黄化、萎蔫甚至干枯，果实上无明显病斑。植株其他部位未见明显症状。

健康果柄   感病果柄

图6-16   健康及感病果柄

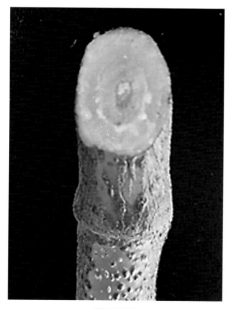

健康果柄   感病果柄

图6-17   健康及感病果柄横切

2.病原菌

该病的病原菌为腐皮镰刀菌（*Fusarium solani*）。

3.发生规律

每年6—9月高温高湿季节发病严重。病原以菌丝或厚垣孢子在土壤和病株残体中越冬，在土壤中可存活数年。危害菠萝蜜中、大果实的果柄，病害发生与果柄表面受伤情况关系密切。借风雨、灌溉水、农具或昆虫传播，通过昆虫或其他因素造成的果柄伤口侵入，或直接侵入，致使果柄变褐色、腐坏腐烂。阴雨连绵的天气是诱发病害流行的重要条件。种植过密、积水、土壤通透性较差的种植园易发病，留果数过多、干旱、土壤过酸、强风等都是诱病因子。

4.防治方法

（1）农业防治　选择土壤肥沃、土质疏松、排水良好的地区建园。对园地发病果实周边，撒生石灰，进行园区土壤消毒。消毒后建议增施根际益生菌剂（肥），帮助园区重新建立健康的土壤生态环境。加强田间管理。施腐熟的基肥，不偏施氮肥；适度灌溉，雨后及时排除田间积水；控制土壤含水量，保持园内通风透光，严格控制单株结果量；田间劳作时尽量避免人为造成果实伤口。选择干旱季节或雨季晴天及时清除病果、病枝，并及时喷涂伤口保护剂。

（2）化学防治　在发病初期可用80%波尔多液可湿性粉剂1 000倍液或70%甲基硫菌灵可湿性粉剂1 000～1 500倍液喷洒果柄及周围，每隔10天左右喷1次，连续2～3次。

十一、其他病害

1.菠萝蜜锈斑病

锈斑果在琼引8号品种的果园发病率较高，危害严重的发病率可达80%。表现为果实内部的果苞、果腱、果轴有明显的锈状凸起和大量锈点连成的锈斑，食用口感偏硬，甜味不足。感病严重时，整个果实内的果苞、果腱全部都带有锈斑，同时果苞内部及种子上均有大量锈点，或大量锈点连成的锈斑，体视镜下能明显看到果苞表面上有许多红色斑点及铁锈色小颗粒，严重时，锈点大片堆积，几乎覆盖整个果苞（图6-18）。每年12月至翌年4月采收的熟果易检测出锈斑病。疑似由细菌（*Pantoea stewartii*）引起的一种严重病害，研究发现是由果蝇携带这种细菌侵染开放的雌花，蚂蚁和甲虫也可以携带这种细菌，果皮有伤口利于病菌的入侵。

图6-18 锈斑果苞

2.菠萝蜜裂果病

裂果病常见于近成熟的果实，多表现为纵向开裂，少数为横向开裂。在7—9月间的果熟期，久旱遇雨或久雨骤晴，温度和湿度的剧烈变化容易诱发生理性裂果病。

对于上述发生的其他病害，以综合防治措施为主。即在做好各项田间管理措施基础上，结合药剂防治，确保丰产稳产。

①加强栽培管理，修枝整形，促进果园通风、透光和透气，增施有机肥、钙钾肥，及时排灌，增强树势，提高植株抗病力。

②搞好田园卫生，及时清除病枝、病叶、病果集中烧毁，冬季清园。

③适时喷药控制。病害发生初期，针对不同的病原菌，选择适当的药剂防治。如针对锈斑病可在花后一个月喷施杀菌剂和杀虫剂，结合果实套袋。

第二节　主要害虫防治

一、桑粒肩天牛

1.分类地位

桑粒肩天牛［*Apriona germari*(Hope)］属鞘翅目（Coleoptera）天牛科（Cerambycidae）。

2.形态特征

成虫体长26～51毫米。全体黑褐色，密被绒毛，一般背面绒毛青棕色，腹面绒毛棕黄色，有时背腹两面颜色一致，均为青棕黄色，颜色深淡不一。头部中央具纵沟；沿复眼后缘有2、3行隆起的刻点；雌虫的触角较身体略长，雄虫的则超出体长2～3节，柄节端疤开放式，从第三节起，每节基部约1/3灰白色；前唇基棕红色。前胸背板前后横沟之间有不规则的横皱或横脊线；中央后方两侧、侧刺突基部及前胸侧片均有黑色光亮的隆起刻点。鞘翅基部饰黑色光亮的瘤状颗粒，占全翅1/4～1/3强的区域；翅端内外角均呈刺状突出（图6-19）。

卵椭圆形，稍扁平，弯曲，长6～7毫米。初产时黄白色，近孵化时淡褐色（图6-20）。

幼虫体圆形，略扁，老熟时体长约70毫米，乳白色（图6-21）。头部黄褐色。前胸背板骨板化区近方形，前部中央呈弧形突出，色较深，表面共有4条纵沟，两侧的在侧沟内侧斜伸，较短，中央1对较长而浅，沟间隆起部纵列圆凿点状粗颗粒，前几排较粗而稀，色深，向后渐次细密，色淡。腹部背面步泡突扁圆形，具2条横沟，两侧各具1弧形纵沟，步泡突中间及周围凸起部均密布粗糙细刺突；腹面步泡突具1横沟，沟前方细刺突远多于沟后方的中段。蛹体长约50毫米，淡黄色。

图6-19　桑粒肩天牛成虫

图6-20　桑粒肩天牛卵及卵室

图6-21　桑粒肩天牛幼虫

3.危害特征及发生规律

桑粒肩天牛2 ~ 3年完成1代，以幼虫在树干内越冬。幼虫经过2个冬天，在第3年6—7月间，老熟幼虫在隧道最下面1 ~ 3个排粪孔上方外侧咬一个羽化孔，使树皮略肿起或破裂，在羽化孔下70 ~ 120毫米处做蛹室，以蛀屑填塞蛀道两端，然后在其中化蛹。成虫羽化后在蛹室内静伏5 ~ 7天，然后从羽化孔钻出，啃食枝干皮层、叶片和嫩芽。生活10 ~ 15天开始产卵。产卵前先选择直径10毫米左右的小枝条，在基部或中部用口器将树皮咬成U形伤口，然后将卵产在伤口中间，每处产卵1 ~ 5粒，一生可产卵100余粒。成虫寿命约40天。卵经2天孵化。幼虫孵出后先向枝条上方蛀食约10厘米长，然后调转头向下蛀食，并逐渐深入心材，每蛀食5 ~ 6厘米长时便向外蛀一排粪孔，由此孔排出粪便。排粪孔均在同一方位顺序向下排列，遇有分枝或木质较硬处可转向另一边蛀食和蛀排粪孔。随着虫体长大，排粪孔的距离也愈来愈远。幼虫蛀道总长2米左右，有时可下蛀直达根部。一般情况修蛀道较直，但可转向危害。幼虫多位于最下一个排粪孔的下方。越冬幼虫如遇蛀道底部有积水则多向上移，虫体上方常塞有木屑，蛀道内无虫粪。排粪孔外常有虫粪积聚（图6-22），树干内树液从排粪孔排出，常经年长流不止。树干内如有多头幼虫钻蛀，常可导致干枯死亡。

图6-22　幼虫危害状

4.防治方法

（1）农业防治 加强栽培管理，增强树势，提高树体抗虫能力。加强检疫，移苗时选择壮苗，防止移栽带有卵、幼虫、蛹和成虫的苗木。在果园或周围放置诱木（如桑树和柞树），吸引桑天牛啃食和产卵，同时高峰期可对诱木喷洒农药杀灭，以保护果树。

（2）物理防治 每年5月之前用生石灰与水1∶5的比例配制石灰水，对树干基部向上1米以内树体进行涂白。每年5—7月成虫产卵高峰期可经常巡视树干，及时捕杀成虫；发现树干上有小量虫粪排出时，应及时清除受害小枝干，或用铁丝在新排粪孔进行钩杀；在海南民间，常有栽培者用当地产的白藤刺倒着伸进去蛀道中钩杀，效果也很明显。

（3）化学防治 在主干低处发现新排粪虫孔时，使用注射器将5%高效氯氰菊酯水乳剂或10%吡虫啉可湿性粉剂100～300倍液注入新排粪虫孔内，或将蘸有药液的小棉球塞入新排粪虫孔内，并用黏土封闭其他排粪虫孔。在主干高处发现新排粪虫孔时，用打孔机在树干80～100厘米高处螺旋式打孔，树胸径小于15厘米每树打2孔，胸径每增加10厘米加1孔，注射孔直径7～10毫米，孔深以进入木质部5～10毫米为宜，再用高压树干注射机向孔洞注射药液，按40%噻虫啉悬浮剂∶5%高效氯氰菊酯水乳剂∶水为1∶1∶2的比例配制，每孔注射药液2毫升，注药后用黏土将孔密封。

（4）生物防治 桑粒肩天牛成虫喜欢在树干上爬行，成虫发生期在树干上绑缚白僵菌粉，可使成虫感染致死。

二、榕八星天牛

1.分类地位

榕八星天牛［*Batocera rubus*（L.）］属于鞘翅目（Coleoptera）天牛科（Cerambycidae）。

2.形态特征

雌成虫体长30～46毫米，体宽10～16毫米。体红褐色或绛色，全体被绒毛，头、前胸及前足股节较深，有时接近黑色。触角较体略长，具较细而疏的刺，除柄节外各节末端不显著膨大。前胸背板有一对橘红色弧形白斑，前胸侧刺突粗状，尖端略向后弯；小盾片密生，白色；鞘翅肩部具短刺，基部瘤粒区域肩内约占翅长1/4，肩下及肩外占1/3；末端平截，外端角略尖，内端角呈刺状，每一鞘翅上有4个白色圆形斑，第二个斑最大且靠近中缝，其上方外侧常有 1 ~ 2 个小圆斑，有时和它连接或并合。雄成虫触角超出体长 1/3 ~ 2/3，其内缘具细刺，从第三节起各节末端略膨大，内侧突出，以第十节突出最长，呈三角形刺状。

卵椭圆形，白黄色，大小为 3.0 毫米 × 1.5 毫米。

幼虫体圆筒形，黄白色，老熟幼虫体长约 80 毫米，前胸宽约 16 毫米，体表密布淡黄白色细毛。前胸背板骨化粗糙，中线明显，近前缘被褐色毛，后半部有由紫黑色近似椭圆形的突起组成的五叉状图形，中间的一叉前方尖呈三角形，左右两侧的叉前方平截呈长方形，边上两个叉呈条状；腹部第一至第七背面步泡突各有两圈由紫黑色组成的扁圆形，外圈的突起约 75 个，内圈的突起约 65 个。中胸气门最大，长椭圆形，突入前胸。腹气门椭圆形，气门片褐色。肛门 1 横裂。

蛹长椭圆形，白黄色，长约 71 毫米，外有由碎屑作成的茧包裹。

3.危害特征及发生规律

幼虫蛀害树干、枝条，使其干枯（图 6-23），严重时可使植株死亡；成虫危害叶片及嫩枝（图 6-24）。该虫一年发生 1 代。成虫夜间活动食菠萝蜜叶及嫩枝。雌成虫在树干或枝条上产卵，幼虫孵出后在皮下蛀食坑道呈弯曲状，后转蛀入

图 6-23　榕八星天牛幼虫危害状

图6-24　榕八星天牛成虫

木质部，此时孔道较直，在不等的距离上有一排粪孔与外皮相通，常可见从此洞中流出锈褐色汁液。通常幼虫多栖居于最上面一个排粪孔之上的孔道中。

4.防治方法

防治方法参照桑粒肩天牛。

三、黄翅绢野螟

1.分类地位

黄翅绢野螟（*Diaphania caesalis*）属于鳞翅目（Lepidoptera）螟蛾科（Pyralidae）。

2.形态特征

成虫体长约1.5厘米，虹吸式口器，复眼突出红褐色，触角丝状，胸部有两条黑色横纹，前翅三角形，有两个瓜子形黄斑，斑的周围有黑色的曲线纹，黄斑顶部有1个槽形黄色斑纹，在翅的近肩角处有两条黑色条纹，近顶角处有1个塔状的黄斑；后翅有两块楔形黄斑，顶角区为黑色。足细长，前足的腿节和转节为黑色，中、后足长均为1.2厘米左右，中足胫节有两条刺，后足也有两条刺，腹部节间有黑色鳞片，第一、第二、第三节均有1个浅黄色的斑点，腹部末端尖削且有黑色的鳞片。雌成虫虫体较雄成虫大，前翅靠近肩角的瓜子形黄斑中略近前缘处有一明显的"1"字形黑色斑点。腹部相对雄蛾肥大，末端钝圆，外生殖器交配孔被有整齐较短的黄棕色毛簇，背面毛簇明显长于腹面（图6-25左）。雄成虫体较雌成虫小，前翅靠近肩角的瓜子形黄斑中略近前缘处无"1"字形斑点，或有微弱点状印迹。腹部较瘦小，末端狭长，外生殖器交配孔的周围被有整齐较长的黑色毛簇，静止时其阳具藏于腹部，受到雌蛾释放的性信息素刺激或腹部受到挤压时，腹部末端的抱器瓣会叉开，阳具外突（图6-25右）。

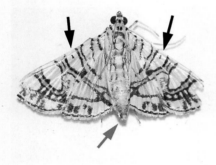 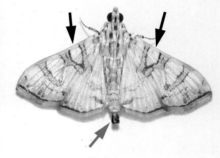

雌成虫　　　　　　　　　　　　　　　　雄成虫

图6-25　黄翅绢野螟雌、雄成虫

卵白色椭圆形，扁平，表面有网状纹，散产或聚产成卵块，覆瓦状排列。

幼虫共分为5个龄期，1龄幼虫仅有约1毫米，头部为黑色，其余部位淡黄色，老熟幼虫体长可达1.8厘米，柔软，头部坚硬呈黄褐色，唇基三角形，额很狭，呈"人"字形，胸和腹的背面有两排大黑点，黑点上长毛。前胸盾为黄褐色，胸足基节有附毛片，腹足趾钩二序排列成缺环状，臀板黑褐色。

蛹长1.5厘米左右，幼虫化蛹经历预蛹期到蛹期，蛹期开始为浅褐色，后变为黑褐色，表面光滑，翅芽长至第四腹节后缘，腹部末端生有钩刺，足长至第五腹节。

3.危害特征及发生规律

黄翅绢野螟在海南全年都有发生，4—10月为幼虫盛发期。雌成虫产卵于叶背面、嫩梢及花芽上（图6-26），初孵幼虫取食叶片下表皮及叶肉，仅留上表皮，使叶片呈灰白透明斑。虫龄增大到3龄后食量也随之增大，转而取食嫩梢、花芽及正在发育的果实，致使嫩梢萎蔫下落、幼果干枯、果实腐烂。危害新梢时，取食嫩叶和生长点，排出粪便，并吐丝把受害叶和生长点包住，影响植株生长；幼虫危害果实时，可沿表皮一直钻蛀到种子，利用排出的粪便堵住孔道来保护自己免受天敌捕食，但其排出的粪便可使果蝇的幼虫进入取食果肉，使果实受害部分变褐腐烂，严重时导致果实脱落，造成减产；危害嫩果柄时则从果蒂进入，然后逐渐往上，粪便排在孔内外，引起果柄局部枯死，影响果品质量（图6-27）。

图6-26 黄翅绢野螟幼虫危害果实

图6-27 危害果实状

4.防治方法

（1）农业防治 挂果前期，及时修剪有危害的嫩梢及花芽，集中清除销毁，可大大减轻下一年的虫口数量。幼虫蛀果取食初期，拨开虫粪便，用木棍沿着孔道将其杀死。果实采收后，将枯枝落叶收集烧毁，可降低下代虫口基数。

（2）物理防治 果实授粉后采用尼龙网进行果实套袋达到防治效果。

（3）化学防治 用药关键期为第一代幼虫期，选用触杀和胃毒作用的药剂，每10天进行全园喷药，如50%杀螟松乳油1 000～1 500倍液、40%毒死蜱乳油1 500倍液、2.5%溴氰菊酯乳油3 000倍液等，在发生初期用甲维·联苯菊1 000～1 500倍液防治，严重时用40%毒死蜱乳油1 000～2 000倍液每隔7～10天喷施1次，连续喷施2～3次。

（4）生物防治 选用16 000国际单位/毫克苏云金杆菌可湿性粉剂800倍液，或用植物源农药1%印楝素乳油750倍液、2.5%鱼藤酮乳油750倍液、3%苦参碱水剂800倍液进行喷雾。

四、素背肘隆螽

1.分类地位

素背肘隆螽［*Onomarchus uninotatus*（Serville）］属于直翅目（Orthoptera）螽斯科（Tettigoniidae）。

2.形态特征

成虫成体绿色至淡绿色，触角灰白色，前翅绿色，足淡绿色。头短，前胸背板白色，后缘圆弧形突出，背面较平坦，前翅明显长于后翅，肘脉隆起，雌虫产卵器剑状，向上弯，基部黄褐色，端部黑褐色。

卵椭圆形，白黄色，大小约为3.1毫米×1.2毫米。

若虫虫体草绿色，体型较粗短。触角细长，灰白色，约为体长2倍。白天伏于叶背取食为害，受惊吓后善跳跃（图6-28）。

3.危害特征及发生规律

该虫在国内菠萝蜜产区几乎都有分布，危害严重时受害株率达100%，但每年受害程度不一。在海南每年发生2代，以若虫、成虫危害叶片、嫩梢。低龄若虫有聚集危害的特性，取食叶肉，留下叶脉；高龄若虫及成虫取食全叶，严重时将全株大部分叶片吃光，仅剩下树干与枝条，影响树体光合作用及果实生长发育，并导致树势衰弱（图6-29）。若虫、成虫白天都栖息于叶片背面，紧贴叶中脉，入夜后便进行取食，晚上雄成虫发出"嘟、嘟、嘟"的鸣叫。

图6-28　素背肘隆蚤若虫

图6-29　素背肘隆蚤危害植株状

4. 防治方法

（1）物理防治　白天先搜查受害叶片最严重的四周，根据该虫成虫飞翔能力不强的特点，再搜查完好的叶片背面，发现该虫后用竹竿击落捕杀。晚上可用手电筒照射正在为害的若虫、成虫，此时它的触角不停地晃动容易发现。

（2）化学防治　雌虫产卵期、若虫孵化期或危害初期，选用2.5%溴氰菊酯悬浮剂2 500 ～ 3 000倍液，或50%辛硫磷乳油1 000 ～ 1 500倍液进行全园喷施，重点喷施有卵痕的枝条及叶片背面，每隔7 ～ 10天喷施1次，连喷1 ～ 2次。

五、绿刺蛾

1. 分类地位

绿刺蛾[*Parasa lepida* (Cramer)]属于鳞翅目（Lepidoptera）刺蛾科（Limacodidae）。

2. 形态特征

雌成虫体长11 ～ 14毫米，翅展23 ～ 25毫米，触角线状；雄虫体长9 ～ 11毫米，翅展19 ～ 22毫米，触角基部数节为单栉齿状。前翅翠绿色，前缘基部尖刀状斑纹和翅基近平行四边形斑块均为深褐色，带内翅脉及弧形内缘为紫红色，后缘毛长，外缘和基部之间翠绿色；后翅内半部米黄色，外半部黄褐色。前胸腹面有2块长圆形绿色斑，胸部、腹部及足黄褐色，但前中基部有一簇绿色毛（图6-30）。

卵扁平，椭圆形，暗黄色，鱼鳞状排列。

老熟幼虫体长19 ～ 28毫米，翠绿色。体背中央有3条暗绿色和天蓝色连续的线带，体侧有蓝灰白等色组成的波状条纹。前胸背板黑色，中胸及腹部第8节有蓝斑1对，后胸及腹部第1节、第7节有蓝斑4个；腹部第2节至第6节有蓝斑4个，背侧自中胸至第9腹节各着生枝刺1对，每个枝刺上着生20余根黑色刺毛，第1腹节侧面的1对枝刺上夹生有几根橙色刺毛；腹节末端有黑色刺毛组成的绒毛状毛丛4个。

蛹深褐色，体长10 ～ 15毫米。茧扁平，椭圆形，灰褐色，茧壳上覆有黑色刺毛和黄褐色丝状物。

3. 危害特征及发生规律

该虫在海南1年发生2 ～ 3代，以老熟幼虫在主蔓及柱体上结茧越冬。次年4月中下旬越冬幼虫开始变蛹，5月下旬左右成虫羽化、产卵。第1代幼虫于6月上中旬孵出，6月底以后开始结茧，7月中旬至9月上旬变蛹并陆续羽化、产卵。第2代幼虫于7月中旬至9月中旬孵出，8月中旬至9月下旬结茧过冬。成虫于每天傍晚开始羽化，以19—21时羽化最多，羽化时虫体向外蠕动，用头顶破羽化孔，多从茧壳上方钻出，蛹壳留在茧内。成虫有较强的趋光性，白天多静伏在叶背，夜间活动，一般雄成虫比雌成虫活跃，雌成虫交尾后次日即可产卵，卵多产于嫩叶背面，呈鱼鳞状排列，每块有卵7～44粒不等，多为18～30粒，每只雌成虫一生可产卵9～16块，平均产卵量约206粒。卵期5～7天，幼虫初孵时不取食；2～4龄有群集危害的习性，整齐排列于叶背，啃食叶肉留下表皮及叶脉；4龄后逐渐分散取食，吃穿表皮，形成大小不一的孔洞；5龄后自叶缘开始向内蚕食，形成不规则缺刻，严重时整个叶片仅留叶柄，整株叶片几乎被吃光（图6-31）。

图6-30 绿刺蛾成虫

图6-31 绿刺蛾幼虫及危害状

4.防治方法

（1）物理防治　①铲除越冬茧、摘除虫叶。在树干及周边铲除越冬茧，杀灭越冬幼虫，可取得明显的防治效果；低龄幼虫群集于叶背为害，受害叶片呈枯黄膜状或出现不规则缺刻，及时摘除虫叶，可防止扩散蔓延为害。②灯光诱杀。成虫羽化期间，利用成虫的趋光性在园区周围设置黑光灯，可诱杀大量成虫，减少产卵量，降低下一代幼虫危害程度。

（2）生物防治　绿刺蛾的天敌主要有猎蝽和寄生蜂，幼虫感染颗粒病毒也是限制其种群数量的重要因素，保护和利用这些天敌及生物因子对幼虫的发生数量有一定的抑制作用。

（3）化学防治　卵孵化高峰期和低龄幼虫集中危害期，选用20%除虫脲悬浮剂1 000倍液，或2.5%高效氯氟氰菊酯水乳剂3 000倍液进行全园喷雾，每隔7～10天喷施1次，连喷2～3次。

六、茶角盲蝽

1.分类地位

茶角盲蝽（*Helopeltis theivora* Waterh），属半翅目（Hemiptera）盲蝽科（Miridae）。

2.形态特征

卵长圆筒形，中间略弯曲，末端钝圆，前端稍扁，形似香肠，长宽约1.5毫米×0.4毫米。顶端生有两条不等长的刚毛，毛端稍弯，长各为0.7毫米和0.5毫米左右。初产时乳白色，后逐渐转为浅黄色，临孵化时为橘红色。

初孵化若虫为橘红色，小盾片无突起，2龄后，随龄期增加小盾片逐渐突起。各龄若虫盾片长度：2龄约0.2毫米，3龄约0.5毫米，4龄0.8～1.0毫米，5～6龄约1.2毫米，虫体浅黄至浅绿色。形状似成虫，但无翅。老熟若虫长4～5毫米，足细长善爬行。

成虫体褐色或黄褐色，体长4.5～7.0毫米，宽1.3～1.5毫米（图6-32）。虫体头小，头部暗褐色或黑褐色，唇基端部淡色；复眼球形，向两侧突出，黑褐色，复眼下方及颈部侧方靠近前胸背板领部前方的斑淡色，复眼前下方有时淡色；触角丝状4节，约为体长的2倍。喙细长，浅黄色，深入后胸腹板处。中胸褐色，背腹板橙黄色，盾片后缘圆形，其前部生出一直立的棒槌状突起，下半部分向下端逐渐变大，占据盾片的大部分，呈褐色。腹部淡黄色至浅绿色。翅淡灰色，具虹彩；革片及爪片透明、灰或灰褐色，有时带暗褐色，革片与爪片基部略呈白色，缘片、翅脉及革片的端部内侧及楔片暗褐色。足土黄色，其上散生许多黑色斑点，腿节大部分褐或暗褐色，基部色淡。

图6-32　茶角盲蝽

3.危害特征及发生规律

若虫和成虫以刺吸式口器刺食组织汁液，危害菠萝蜜的嫩梢及果实，嫩梢、果实被害部位呈现水渍状斑，斑点坏死，幼果被害后呈现圆形下凹水渍状斑并逐渐变成黑点，最后皱缩、干枯；较大果实被害后产生许多疮痂，最后变成黑色，影响外观及品质（图6-33）。

茶角盲蝽在海南无越冬现象，终年可见其发生，一年发生10 ~ 12代，世代重叠。每代需时38 ~ 76天，其中成虫寿命为11 ~ 65天，卵期5 ~ 10天，若虫期9 ~ 25天，雌虫产卵前期5 ~ 8天，产卵期为8 ~ 45天，平均20天。每头雌虫一生产卵可多达139粒，最少产卵32粒。卵散产于菠萝蜜果实、嫩枝表皮组织下。刚孵化的若虫将触角及足伸展正常以后，不断爬行活动并取食。成虫和若虫主要取食幼嫩枝叶和嫩果。取食时间主要在14：00时后至第二天9：00时前，每头虫1天可危害2 ~ 3个嫩果，10头3龄若虫一天取食斑平均为79个。此虫惧光性明显，白天阳光直接照射时，虫体转移到林中下层叶片背面，但阴雨天同样取食。

该虫发生期与气候、荫蔽度、栽培管理有关。该虫在海南万宁兴隆热带植物园每年发生高峰期在3—4月，此时气温适宜，雨水较多，田间湿度大，危

图6-33 危害果实状

害严重；6—8月高温干旱，日照强，果实已老化成熟，虫口密度显著下降；9—10月后台风雨和暴雨频繁，因受雨水冲刷，影响取食和产卵，虫口密度较低，危害较少。栽培管理不当，园中杂草灌木多，荫蔽度大，虫害发生严重。

4.防治方法

（1）农业防治　改善菠萝蜜种植园生态环境，合理修剪，避免种植园及植株过度荫蔽，清除园中杂草灌木，改变茶角盲蝽的小生境；对周边园林绿化植物、行道树等进行整枝疏枝使其通风透光，造成不利于茶角盲蝽生长繁殖的环境条件。

（2）化学防治　每年3—4月、10—12月为茶角盲蝽高发期，在此期间定期调查种植园盲蝽发生情况，掌握危害情况，及时喷药灭虫。在盲蝽发生盛期，喷施2.5%高渗吡虫啉乳油2 000倍液、48%毒死蜱乳油3 000倍液、4.5%高效氯氰菊酯1 500倍液进行防治。

第三节　综合防控技术

一、防治原则

菠萝蜜病虫害的防治原则是贯彻"预防为主、综合防治"的植保方针，依据菠萝蜜主要病虫害的发生规律，综合考虑影响其发生的各种因素，采取以农业防治为基础，协调应用化学防治、物理防治等措施，实现对菠萝蜜主要病虫害的安全、有效防控。

二、综合防治措施

1.农业防治

农业防治是指通过耕作栽培措施或利用选育抗病、抗虫作物品种防治有害生物的方法，是综合防治的基础。其成本低，无杀伤天敌、产生抗药性和环境污染等不良作用。但需根据季节和地理位置因素因地制宜，灵活运用，其效果是累积的，具有预防作用。

（1）选育和利用抗病品种　选育和利用抗病品种是防治植物病害最经济、最有效的途径。对许多难以运用农业措施和农药防治的病害，特别是土壤病害、病毒病害以及林木病害，选育和利用抗病品种是可行性最好的防治途径。抗病育种可以与常规育种结合进行，一般不需要额外的投入。抗病品种的防病效能很高，推广使用抗病品种，可以代替或减少杀菌剂的使用，大量节省田间防治费用。

（2）加强日常管理　搞好果园卫生，及时清除病虫叶、病虫果、杂草及地面枯枝落叶，并集中烧毁或深埋。加强肥、水管理，增施有机肥和磷钾钙肥，不偏施氮肥，适时排灌，良好的土壤难以成为病虫害的发源地。果实采收后进行合理修剪，剪去交叉枝、下垂枝、徒长枝、过密枝、弱枝和病虫枝等，保持通风透光，防止感染病害。采收时要防止果实遭受机械损伤。

2.物理防治

（1）果实套袋　宜采取果实套袋防治黄翅绢野螟等。经疏果、定果后，套袋时间以果实大小（20～30）厘米×（10～15）厘米为宜。套袋前1～2天，选用咪鲜胺+高效氯氰菊酯，均匀喷雾果实及其周围叶片、枝条，待药液干后即套袋。喷药后在2天内未完成套袋的，应重新喷药。果袋材料宜选用具有一定透气性、透光性，且韧性较强的无纺布袋或珍珠棉袋。

（2）人工捕杀 黄翅绢野螟、天牛等害虫零星发生时，或绿刺蛾、素背肘隆螽低龄幼（若）虫聚集为害期，进行人工捕杀（图6-34）。对为害嫩梢、叶片的幼（若）虫或成虫直接捕杀；虫蛀幼果直接摘除，对大的虫蛀果拨开虫粪，用铁丝沿孔道钩杀幼虫；对蛀干天牛幼虫用铁丝沿树干最新2～3个排粪孔钩杀幼虫。

图6-34 人工捕杀黄翅绢野螟

（3）树干涂白 采果后进行果园清洁，用生石灰1份、硫黄粉2份、水10份配制成涂白剂进行树干涂白，防止天牛在树干产卵（图6-35）。

图6-35　树干涂白

（4）灯光诱杀　对黄翅绢野螟和绿刺蛾成虫进行灯光诱杀。在果园内每隔100～150米安装一盏太阳能诱虫灯，并及时清理诱虫灯上的虫体和杂物（图6-36）。

图6-36　果园安装太阳能诱虫灯

3.化学防治

化学农药是农业生产中应用最广泛的病虫害防治手段，具有效果好、见效快、操作简单、适合机械化等优点。化学农药通常对人畜和天敌有害，长期使用易造成抗药性增强、农药残留、环境污染、生态环境紊乱等问题。农药使用需遵循相关法律法规，选择高效低毒低残留的药剂，注意农药使用安全期和间隔期，做好安全防护。农药分为病害用药和虫害用药，每种一般都有喷施时期。在害虫与病害发生初期重点施用，能减少整年的用药量。农药与水均匀混合，再加入展着剂，可以更好地附着在果树表面，提高药效。为防止农药飘洒，在无风晴天的整个上午从上风向喷施。着装上应注意，戴好口罩、护目镜和手套，穿好防护服，不要露出皮肤和嘴。化学防治宜选用高效低毒低残留农药及生物源农药，如：阿维菌素、噻嗪酮、高效氯氰菊酯、啶虫脒、石硫合剂、波尔多液、代森锰锌、咪鲜胺、多菌灵等。

4.生物防治

生物防治是指利用有益生物及其产物防治有害生物，具有绿色、环保的特点，符合农业可持续发展战略，是生产上替代化学农药的重要手段。生物防治资源包括生防菌、天敌昆虫、植物源农药等，其应用形式包括以虫治虫（图6-37）、以菌治菌、以菌治虫等。例如，害虫的天敌包括寄生性天敌如寄生蜂、寄生蝇、线虫等；捕食性天敌有捕食性昆虫、蜘蛛、螨类等；致病微生物有真菌、细菌、病毒等。病害的生物防治主要利用枯草芽孢杆菌、苏云金杆菌、白僵菌、绿僵菌等微生物菌剂配合水肥一起施用等。此外，还有利用靶向害虫行为调节剂如性引诱剂、迷向剂等进行害虫的监测和防控。生物防治是一种经济有效、有很大发展前途的方法。生物防治具有很多优点，对防治对象有很高的选择性，对人、畜、植物及有益生物都很安全，不污染环境，能避免单一使用化学农药所带来的副作用，能较长时间地抑制病虫。但目前对天敌资源的开发利用尚落后于形势的需要，必须继续进行开发、利用，合理使用化学农药，使之相互协调、彼此补充，弥补单一生物防治的不足。

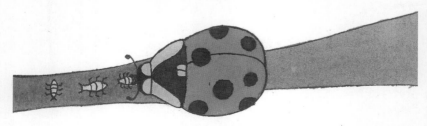

图6-37　以虫治虫

第七章 ● ● ●

菠萝蜜收获和加工

第一节 收 获

一、采收标准

一般来说，从开花到果实成熟，需要4～5个月。在海南，一般品种的菠萝蜜在夏季高温来临之际果实已成熟，4—6月为果实发育盛熟期。菠萝蜜果实有后熟性，果实成熟与否关系到果实的储运、加工和销售等环节。生理成熟的菠萝蜜，芳香浓郁、味甜如蜜。菠萝蜜食用部分是由花被片膨大而成的果苞，如过早采摘，则甜度低、口感差、香气不足，且果肉色泽偏白；过熟采摘则有些苦味（这是由于果肉中的酒精增加所致），而且极不耐储运。作为食用果肉为目的的成熟果实，其采收有下列几项成熟标准：

①果柄已经呈黄色。

②树上离果柄最近一片叶片变黄脱落，为果实成熟的特征（图7-1）。如见此叶片黄化，果实有八、九成熟，采下后熟2～3天，品质最好。

③用手或木棒拍打果实时，发出"噗、噗、噗"的混浊音，表明已成熟；发出清脆音、沉实音，则未成熟。

④外果皮上的刺逐渐稀少、迟钝，果皮上的肉瘤圆突，外形丰满。外果皮变为黄色或黄褐色（少数品种仍保持绿色）。

⑤用利器刺果，流出的乳汁变清，也将成熟。用器物擦果皮上的瘤峰，如果脆断且无乳汁流出，即将成熟。

⑥直接在果实上挖小洞察看，果肉变淡黄色者，已接近成熟。

根据以上标准采收后的果实，自然放置几天即可成熟鲜食，但不能冷藏。一般干苞型菠萝蜜如有外伤感病，仍可保存7～15天；如果在11.1～12.7℃，空气湿度在85%～90%条件下储藏可保存6周。但菠萝蜜一般不耐储运，最好采收前做好准备工作，随采随运，就近加工或销售。至于湿苞型菠萝蜜，成熟后，其外皮软且易剥皮，果柄带果轴自行脱落，易发酵腐烂，极不耐储藏。

建议在菠萝蜜种植园的果树上，在开花时，给予挂牌，标注开花时间，以作为未来进行有计划的分期分批采收果实的根据。

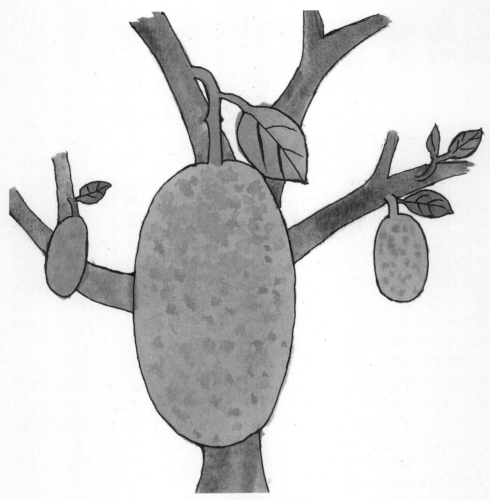

图7-1　菠萝蜜采收标准

二、采收方法和采后处理

菠萝蜜树结果部位较低，即在树干下端结的果实采收是容易进行的。但结在高位或树端的果实，如果采摘后随手拿下来，则难以操作。因为菠萝蜜果实多数大而重，如果从高处砍断果柄后让其自然落地，则容易跌伤导致果实腐烂。正确方法是：一人爬到树上，对高位的熟果用绳子绑起来，然后绳子盘绕在高处树叉上，绳子的另一端由地上的另一人抓紧，砍断果摘柄后让它小心顺滑落地面。一人操作的话，有爬上爬下之劳。用这种方法采摘可避免果实损坏。大量采收后成熟的菠萝蜜果应尽快就地加工或销售。如果菠萝蜜果实有八、九成熟，2～3天后就成熟了。对于不够成熟的果实，当地群众普遍采用烧过火的木棒，从果柄旁楔入，或者在通风的地方用麻袋包起来，几天后也会成熟。对外销的菠萝蜜果实，采收后先存放在干燥阴凉的地方，不要堆放，避免压伤而烂果。运销时，把果小、受内伤、外伤的果，畸形果剔除。装运时最好用竹箩筐分装，每个菠萝蜜用旧报纸或其他包装物包裹；货运车顶要求加盖顶蓬，尽量避免长途运输中震坏、晒坏。值得一提的是，海南兴隆地区菠萝蜜收购商贩常用利刀在果实基部切一小口，以检查果肉色泽是否带黄色，然后用白灰抹伤口，这不失是一个把好质量关的一个好方法。

市场销售时，可整果出售，或剖切零售。后种方法要注意把不好吃的筋（腱或俗称肉丝）去除，抹净黏胶，让果苞肉显得黄澄澄、饱满，而吸引顾客。

三、幼果、青果的利用

在进行菠萝蜜树栽培管理过程中，经常要疏果，即把结果过多、过密，或者果型不理想的幼果、青果摘下。在印度尼西亚一些菜馆或家庭菜谱中可以做成多种菜肴，有一种叫rendang的菜肴，正是利用菠萝蜜幼果、青果切块加些佐料制成的，很受当地百姓喜爱；青果果肉可作凉拌菜或像炸马铃薯片那样食用，或将之煲汤食用；东南亚国家还流行用菠萝蜜煮咖喱。除此之外，把菠萝蜜幼果、青果煮烂，可作猪饲料或鱼饲料。

第二节　加　　工

近年来，菠萝蜜已逐渐成为食品科学与技术专家关注的焦点。Baliga等通过分析发现菠萝蜜果肉中含碳水化合物16.0%～25.4%，蛋白质1.2%～1.9%，脂肪0.1%～0.4%，矿物质0.87%～0.9%。Chowdhury等检测表明孟加拉国首都达卡市售菠萝蜜不同部位所含的总糖、游离脂肪酸含量丰富。菠萝蜜果肉营养价值高且同时富含钾、维生素B_6、黄酮类化合物等，具备治疗心血管疾病、改善皮肤和胃溃疡等功能保健作用，可研制不同类型产品并进行产业化开发。

菠萝蜜果实采收期集中，仅以鲜果销售为主，不耐储运、销售期短，整体综合效益不高，需加工成产品才能增加市场效益。国内外菠萝蜜果肉产品加工技术发展较快，已有工业化加工应用。近年来，香饮所对菠萝蜜果肉、种子加工工艺与综合利用技术的研发取得重要进展，为今后工业化加工生产提供了技术支撑。

朱科学等探讨梯度降温真空冷冻干燥技术及工艺条件。Saxena对菠萝蜜果肉热风干燥进行初步研究并对热风干燥过程中果肉的颜色和黄酮类化合物的变化情况进行研究。Ukkuru对果酒的工艺流程进行初步探索并研制出果酒产品；Joshi开展菠萝蜜果肉打浆汁接种酵母厌氧发酵生产白酒的研究；谭乐和探索菠萝蜜果酱加工工艺并得到最佳工艺条件；李俊侃采用控温发酵技术以菠萝蜜果肉为原料探索菠萝蜜果酒酿造工艺。除菠萝蜜果肉外，一个成熟的菠萝蜜果实里还含有100 ~ 500粒种子，约占果实总重量的1/4，种子富含碳水化合物、蛋白质、脂肪和膳食纤维和其他微量元素等，可食用。国内外已有菠萝蜜种子营养学特性及潜在应用方面的相关报道，Kumar等检测菠萝蜜果实中种子组成成分；Madrigal-Aldana等考察两种菠萝蜜果实中种子淀粉在未成熟果和成熟果中的微观形态和化学组成变化；张彦军等从菠萝蜜种子里提取淀粉，并对比其直链淀粉含量、微观结构和粒径等显著影响淀粉物理化学性质的因素，此外对菠萝蜜种子淀粉的功能特性进行深入研究，为下一步功能食品开发奠定理论基础。菠萝蜜种子在面包制作、红曲霉色素生产、蛋白酶抑制剂提取等方面有初步应用，此外关于菠萝蜜种子的报道都集中在淀粉研究方面，尤其在化学改性淀粉、材料、焙烤食品、食品添加剂等方面有初步应用报道。Tulyathan等表明最高可添加20%菠萝蜜种子粉制作面包。Babitha等采用菠萝蜜种子作为原料发酵生产红色素。Bhat和Pattabiraman表明菠萝蜜种子是分离胰蛋白酶抑制剂的天然原料。Kittipongpatana等提取菠萝蜜种子淀粉进行羧甲基、羟丙基、磷酸交联化改性制备化学改性淀粉。Dutta等采用乙醇—盐酸处理提取菠萝蜜种子淀粉并制备化学改性淀粉。Ooi等将提取的菠萝蜜种子淀粉作为生物降解促进剂应用在聚乙烯膜里。Jagadedsh等将提取的菠萝蜜种子淀粉作为原料制作印度焙烤食品"Rapad"。Rengsutthi等将菠萝蜜种子淀粉作为稳定剂和增稠剂应用到调味酱中。

国内菠萝蜜栽种规模发展迅速，但栽种品种繁多，而且鲜果采收期集中、销售期短，不耐储运，加上缺乏成熟配套的加工技术，造成其经济效益增加不明显、市场产品匮乏且质量参差不齐难以远销，副产物不加利用造成资源浪费等问题，严重制约了菠萝蜜加工产业持续健康发展。为此，近年来中国热带农业科学院香料饮料研究所、海南农垦果蔬产业集团有限公司等单位系统开展了菠萝蜜产业化配套加工关键技术及系列新产品研发，研究菠萝蜜产业化配套加工关键技术，熟化加工工艺，研究制定质量控制标准，并实现了标准化中试生产，研发出系列新产品，包括菠萝蜜西饼、菠萝蜜冻干果脆、菠萝蜜起泡酒、菠萝蜜水果豆和菠萝蜜蜜饯等系列产品（图7-2至图7-6），市场反应良好，其中菠萝蜜起泡酒获得海南省2018年第三届旅游商品大赛银奖。海南南国食品实业有限公司、海南春光食品有限公司等公司也在产区研发了菠萝蜜干、菠萝蜜薄饼等系列产品，延伸了产业链，提高了产品附加值。为今后我国菠萝蜜产业化加工提供成熟配套的技术支撑，有利于提高产品附加值与市场竞争力，促进产业向工程化、规模化、市场化与品牌化发展，促进热带地区优势产业结构调整，带动相关行业进步，对提高我国菠萝蜜加工的科技创新能力和市场影响力，具有重要的理论与现实意义。

图7-2　菠萝蜜西饼系列

图7-3　菠萝蜜冻干果脆

图7-4　菠萝蜜起泡酒

图7-5　菠萝蜜系列产品

图7-6　菠萝蜜系列产品

第八章 • • •
菠萝蜜营养成分、应用价值及发展前景

第一节　营养成分

　　在海南，菠萝蜜果实为廉价的大宗果品，但其成熟果却含有丰富的营养成分。此外，其木材木质致密，是优质用材，制作成的家具少受白蚁危害，叶和果皮又是牲口的饲料；种子淀粉含量高，既可煮、炸食用，也可代粮食用。从果皮中提取的果胶可制作果冻；树皮中的乳液含有树脂。可见，菠萝蜜是有多方面用途的果树。

　　菠萝蜜果实中可食用的果肉等含有碳水化合物、蛋白质、脂肪等营养成分以及多种微量元素（表8-1来自文献，表8-2至表8-4来自香饮所研究结果）。果实的每一部分均可利用，既可作为食品或饮料，又可作为动物饲料等。菠萝蜜除鲜食外，还可制成果汁、果酱、果酒以及蜜饯等食品。最近国内的研究结果表明，用菠萝蜜果实制成的果汁、果酒，其气味香浓，别具风味。若开发该系列产品并投放市场，会受到消费者欢迎。制成的菠萝蜜罐装食品或饮料，既可以延长菠萝蜜的保质期，又可以增加不同类型果品供应市场，满足人们的需求，因而开发潜力很大。在马来西亚东部地区人们常用菠萝蜜来制成美味的"haiva蜜饯"或从果肉中蒸馏出来的汁与甜果汁、椰子汁和黄油混合，熬浓至近凝固状冷藏，可保存数月之久。菠萝蜜未充分成熟的果肉可作凉拌菜或像炸马铃薯片那样食用。菠萝蜜种子淀粉含量高，或煮或炒或炸，其味似板栗，可代粮食，是一种"木本粮食"果树，是有待开发利用的粮食新资源。根据资料介绍，菠萝蜜种子与肉炖煮，其味鲜美，食用有催乳作用，可用于治疗妇女产后缺乳症。

　　世界上热带国家有的地区将幼嫩的花或花序用糖浆拌在一起食用。极嫩的幼果则用来煲汤食。还有的地方将次劣幼果与虾干、椰子汁和一些调味品拌在一起作为蔬菜。

　　菠萝蜜果皮、肉质花序轴和肉丝（即腱或筋）可作牛的饲料或喂鱼。有的地区利用菠萝蜜树叶作为羊群的重要饲料。菠萝蜜果实残余物或落叶可用来制作堆肥或沤肥。

表8-1 菠萝蜜营养成分分析表（每100克可食用部分含量）

资料来源	取样部分		含量数据																			
			水分(%)	热量值(千焦)	碳水化合物(%)	粗蛋白(%)	蛋白质(%)	脂肪(%)	淀粉(%)	纤维(%)	还原糖(%)	含油量(%)	总酸(%)	总矿质(%)	钙Ca(毫克)	磷P(毫克)	铁Fe(毫克)	钾K(毫克)	维生素C(毫克)	维生素B_1(毫克)	维生素B_2(毫克)	维生素A(IU)
印度明加诺	未熟果肉		84	—	9.4	—	2.6	0.3	—	—	—	—	—	0.9	50	97	1.5	246	11	0.25	0.11	0
	成熟果肉		77.2	352	18.9	—	1.9	0.1	—	1.1	—	—	—	0.8	20	30	500	—	—	30	—	540
	种子		64.5	—	25.8	—	6.6	0.4	—	—	—	—	—	1.2	21	28	—	—	—	—	—	17
海南中心化验室	干苞	果苞	—	—	—	—	0.309	—	—	0.43	5.23	—	0.17	—	—	—	—	—	5.39	—	—	—
		种子	—	—	—	—	2.49	—	14.85	—	—	3.48	—	—	—	—	—	—	—	—	—	—
	湿苞	果苞	—	—	—	—	0.359	—	—	0.78	3.12	—	0.16	—	—	—	—	—	3.6	—	—	—
		种子	—	—	—	—	2.16	—	11.12	—	—	9	—	—	—	—	—	—	—	—	—	—
	熟果皮		—	—	—	9.135	—	—	5.56	—	6.7	—	0.09	—	—	—	—	—	—	—	—	—

表8-2 菠萝蜜果实中果肉成分分表

项目	水分	蛋白质	脂肪	总糖	碳水化合物	灰分	纤维素
含量（%）	73.1	1.05～1.72	0.6	20.5～21.7	23.4	0.5	1.8

表8-3 菠萝蜜果实综合测定结果

项目	单果鲜重（千克）	单苞重（克）	苞肉厚（厘米）	全果苞数（个）	全果种子重（千克）	可溶性固形物（%）	还原糖（%）	维生素C（毫克/毫升）	总酸（%）	可食部分比例	
										苞肉/全果（%）	(苞肉+种子)/全果（%）
上限含量	14.2	38.0	0.46	302	1.80	22.0	21.64	0.096	0.023	56.0	67.1
下限含量	4.5	14.1	0.16	50	0.30	15.0	6.40	0.013	0.013	30.9	44.7
平均	8.5	26.2	0.28	160	1.01	19.2	12.12	0.017	0.017	40.7	53.3

表8-4 不同品种/系菠萝蜜常规理化指标测定结果

指标	品种								
	m1	m2	m3	m4	m5	m6	XYS4	xlbd1	xlbd2
水分含量（%）	66.8	72.28	65.86	68.72	74.06	69.37	67.65	69.09	62.36
可溶性固形物含量（Brix）	20.7	23.7	20.7	20.7	20.7	25.2	21.4	24.2	21.7
总糖含量（%）	26.34	25.15	21.88	21.59	19.51	26.42	20.55	16.42	18.51
总酸含量（%）	1.31	1.36	1.28	1.34	0.40	0.88	1.19	1.84	1.75
糖酸比	20.08	18.45	17.09	16.07	47.63	29.91	17.26	8.91	10.55
每100克维生素C含量（毫克）	7.11	6.03	7.93	5.95	8.43	7.27	3.26	7.49	2.47

注：马来西亚1号(m1)、马来西亚2号(m2)、马来西亚3号(m3)、马来西亚4号(m4)、马来西亚5号(m5)、马来西亚6号(m6)，香饮所4号(XYS4)，兴隆本地1号(xlbd1)和兴隆本地2号(xlbd2)。

此外，根据谭乐和等对菠萝蜜种子淀粉提取工艺研究及其理化性质测定结果，其种子的主要成分有：粗淀粉52%～58%，粗蛋白8%～9.5%，粗脂肪0.86%，水分10%～15%，灰分2.39%，其他15%。可见，菠萝蜜种子含淀粉十分丰富，高达58%（表8-5）。若以单株菠萝蜜每年产干种子15千克折算，则每株年产淀粉8.294千克。种植加工菠萝蜜产生的附加值是显而易见的。从菠萝蜜种子提取的淀粉，具有较低的热黏度和较强的凝沉性，并且淀粉颗粒圆形或近圆形，表面光滑。利用化学法或酶法对其进行改性，如改善其低温稳定性、保水性、抗老化性，并降低糊化温度等（笔者课题组正在开展这方面研究），则菠萝蜜种子不仅仅停留在炒食、煮食或者作饲料用途上，而且可能具有更广阔的应用前景，从而提高菠萝蜜种植业与加工业的社会经济和生态效益。

表8-5　菠萝蜜种子（干样）的化学组成

项目	粗淀粉	粗蛋白	粗脂肪	水分	灰分	其他
含量（%）	52～58	8.0～9.5	0.86	10～15	2.39	15

据测定，菠萝蜜鲜种子水分含量为62%，以干基计算蛋白质12.64%，脂肪1.03%，膳食纤维11.83%，淀粉68.07%，灰分2.74%。菠萝蜜种子的蛋白质含量低于家禽（15%～20%）和鸡蛋（12.8%），但与其他大宗谷物类蛋白质含量（7.5%～12%）相近。菠萝蜜种子脂肪含量低于大豆（18%）、玉米（4.0%）和小米（4.0%）的脂肪含量，与大米和小麦脂肪（1%～2%）相近。菠萝蜜种子膳食纤维显著高于小麦（10.8%）、玉米（4%～6%）、马铃薯（3.51%）、大米（0.80%）。而种子中淀粉显著低于小麦（75.2%）、玉米（76.3%）、马铃薯（85.15%）和大米（88.28%），由此表明，菠萝蜜种子富含蛋白质、膳食纤维和淀粉等营养成分。

第二节　应用价值

一、食用价值

据了解，菠萝蜜是许多热带国家和地区的粮食和水果。果肉香气浓郁，吃完后不仅口齿留芳，久久不退，嘴馋的小孩子都知道偷吃了菠萝蜜，是瞒不过大人的，因而得名"齿留香"。菠萝蜜果实除了鲜食之外，未成熟的菠萝蜜也可作各种菜肴的配料，特色鲜明，有脆皮菠萝蜜、菠萝蜜炒牛肉、菠萝蜜炒猪肚等（图8-1，图8-2）。菠萝蜜未充分成熟的果肉可作凉拌菜或像炸马铃薯片那样食用。在主产国孟加拉国，菠萝蜜制作而成的各种果酱、果脯、布丁、糕点（图8-3），成为当地人们餐桌上的宠儿，此外，菠萝蜜种子与藜麦、小麦、大麦等烤熟研磨成粉可作为粮食的替代品，富含蛋白质、氨基酸和多种矿物质，被当地人喻为"超级食物"（图8-4）。

图8-1　脆皮菠萝蜜

图8-2　菠萝蜜炒牛肉

图8-3 菠萝蜜果酱、果脯等系列产品

图8-4 菠萝蜜种子淀粉制成的超级食物

二、文化价值

随着科技、网络及快递行业的迅速发展，邮票已经慢慢淡出人们的视线，但邮票是一个民族文化印记的特殊载体，邮票承载着国家的历史与文化，展现着一个国家的政治、经济、文化、农业进步和发展的成就。菠萝蜜印在邮票上，以其果实饱满香甜，寓喻人们生活幸福甜如蜜（图8-5）。

菠萝蜜特色鲜明，植物绘画是记录及介绍植物、传播植物文化的良好载体，也是植物志书常用的形式，万宁兴隆印尼归侨林民富先生常以特色水果菠萝蜜为题材绘画（图8-6），起到了很好的文化传播作用。

图8-5　菠萝蜜邮票（斐济）

图 8-6　菠萝蜜油画（林民富先生/供）

三、药用价值

果肉中的菠萝蜜多糖（Polysaccharide from jackfruit pulp，JFP-Ps），具有显著的体外抗氧化活性。与此同时，菠萝蜜还有很高的药用价值，《本草纲目》中记载能止渴解烦，醒脾益气，还有健体益寿的作用。现代医学研究证实，菠萝蜜中含有丰富的糖类、蛋白质、B族维生素（B_1、B_2、B_6）、维生素C、矿物质、脂肪油等，具备治疗心血管疾病、改善皮肤状况和治疗胃溃疡等功能保健作用。《中国民族药志》对其药用功效记载，傈僳族用果实来治疗食欲缺乏、饮酒过度；黎族人称菠萝蜜为"罗蜜"，黎族人喝酒前喜欢吃菠萝蜜，认为这样可以喝三天三夜、千杯不醉。中国热带农业科学院的团队在《本草纲目》中找到了线索，从菠萝蜜中提取有效成分与葛根、乌梅等一起配制成了具有保肝、醒酒功能的海蜜胶囊和海蜜速溶茶，在饮酒前半小时服用，可以激活酶物质，加快酒精在人体内的分解速度，增强人体对酒精的耐受能力。"海蜜速溶茶"被海南人戏称为"醉无忧"。傣族用幼果调节产妇乳汁不足，用树汁来解毒、治疗骨折，叶子用来消肿。

四、木材用途

菠萝蜜树干粗壮挺拔，材质细密、色泽鲜黄、纹理美观，被归为中等硬木，类似于红木，是制作精致高档家具的优质木材，心材仅次于印度紫檀或柚木。树龄愈大，材质愈坚硬，堪称"老当益壮"，我国菠萝蜜木材常被称为"菠萝格"，木材颜色会随着时间的推移从黄色或橙色慢慢转变成深棕红色，对真菌、细菌和白蚁的天然耐久性非常高，是房屋栋梁、立柱、门窗、墙板、地板、日常家具、民间雕塑等的首选优质木材（图8-7，图8-8）；在海南农村用菠萝蜜木材建造的房子是家庭富贵的象征，当地至今仍有很多明清时期的菠萝格木材制作的旧房屋、旧家具，油漆之后完好如初；海南羊山地区，传统婚配时，男方必备菠萝格做成的婚房，女方准备的嫁妆则是一套菠萝格家具，海南自古就有"百年胭脂木，千年菠萝蜜"的传颂。在印度，菠萝蜜树体是重要木材来源，也是印度出口欧洲的重要木材。在印度尼西亚，菠萝蜜木材被用于建造酋长的宫殿；在中南半岛，它常用于建造寺庙。菠萝蜜木材的市场需求量很高，在许多亚洲国家仅次于柚木。菠萝蜜木材含有56%的纤维素、28.7%的木

图8-7 菠萝蜜木材房屋栋梁

图8-8　菠萝蜜木材家具

图8-9　菠萝蜜木屑可做黄色染料

质素和18.64%的戊聚糖。此外，木屑可做黄色染料（图8-9），为佛门弟子染黄色袈裟用。印度人民利用菠萝蜜树对二氧化碳、氯气、氟化氢等有害性气体的吸收强至中等的特性，把它作为城市行道两旁、厂矿车间四周以及庭园种植的防污染环保树种之一。

五、饲用价值

菠萝蜜四季常绿，叶量大，牛、羊、鹿喜食其叶。牛喜食其成熟的果皮。菠萝蜜的化学成分如表8-6。菠萝蜜树叶富含钙和钠元素，树叶、果皮、果腱等废弃物可直接作为或粗加工成饲料，与米糠混合是反刍类动物的优质青饲料（图8-10）。羊群在食用菠萝蜜树叶与黑麦麸混合的饲料后消化率提高。菠萝蜜树叶与大叶千斤拔混合饲料能提高羊群的食用量。

图8-10 菠萝蜜叶喂羊

表8-6 菠萝蜜的化学成分（%）

样品情况	干物质	占干物质					钙	磷
		粗蛋白	粗脂肪	粗纤维	无氮浸出物	粗灰分		
新鲜叶片	24.2	16.97	2.67	26.64	45.03	8.69	1.31	0.32

六、树液用途

树液不仅可治溃疡，树液中的胶乳含有71.8%的树脂（其中63.3%是黄色的，8.5%是白色的），在清漆中很有价值。胶乳可用来修补陶器和其他器皿，如船只上的漏洞。在印度和巴西，这种胶乳已经被用作橡胶的替代品。

七、乡村主题特色旅游元素

随着菠萝蜜产业的发展，各地都在根据当地的自然资源条件、社会经济情况和国内外市场的需求，抓住新阶段农业结构战略性调整机遇，培育特色明显、竞争力强的水果村、镇、县，形成了"一村一品""水果之乡"等特色。越来越多的村镇通过创建菠萝蜜示范产业基地，形成以菠萝蜜为主题的休闲农业旅游与科普农业相结合的经营业态，将菠萝蜜与省区生态旅游资源结合，打造菠萝蜜视觉、听觉、嗅觉、味觉、触觉等多方面的观感体验，配置专门的讲解员为客人介绍菠萝蜜的引种历史、功能以及有趣的故事，设立专门的菠萝蜜留影区或造型、雕塑（图8-11）、采摘区和品尝区，推出加工菠萝蜜果汁饮品、菠萝蜜菜肴或销售果干、果酒等深加工食品，以趣味性、知识性、观赏性来吸引游客，不仅提高了当地农民的收入，同时满足了人们对特色水果多样化的需

图8-11 菠萝蜜造型

求。印度也时常推出以菠萝蜜文化为主题的"菠萝蜜节日"，推广菠萝蜜的各式各样小吃、旅游产品等。

广东湛江市赤坎区的幸福路，有一条"菠萝蜜街"。20世纪80年代后期改革开放没多久，古老商埠上精明的赤坎人就在幸福路卖开了湛江的独特水果菠萝蜜，至今已有30多年的历史。由于是"专一"的特色水果街，古老窄小的幸福路迎来送往过不少世界各地的宾客。菠萝蜜街的特色在于在这里可以看到湛江盛产岭南佳果的文化缩影。此外，广西崇左市、云南德宏芒市、海南省陵水县均有采用菠萝蜜树作为行道树的习惯（图8-12）。云南盈江县菠萝蜜第一村——盈江县拉劳自然村一直有种植菠萝蜜的习惯，村里道路两旁，田间地头，菠萝蜜郁郁葱葱，硕大的菠萝蜜挂满枝头。有的菠萝蜜树已经有200多年的树龄，菠萝蜜文化氛围浓郁，种植产业也是当地的特色项目，形成了村里的支柱产业。

图8-12　菠萝蜜行道树

2019年，湛江第四届茂德公菠萝蜜文化旅游节在雷州茂德公鼓城隆重举行，为期15天。茂德公鼓城度假区是雷州唯一的国家4A级旅游景区，是雷州文化体验休闲游核心项目。菠萝蜜节也因此成为了雷州的城市名片之一。活动有菠萝蜜电音节、菠萝蜜市集、"以'歌'之名，赴'蜜'之约游唱侠征集"、情定菠萝蜜打卡点等16项活动，内容丰富多彩。举办菠萝蜜文化旅游节，就是本着以菠萝蜜为媒，以节会友，以节为扬，以节厚文，邀大家一起体验"游鼓城、品美食、享民俗、感风情"的民俗文化魅力。

广东阳东被命名为"中国菠萝蜜之乡"，最长的树龄300多年，常见百年老树。菠萝蜜深受当地群众喜爱，近年来，阳东县把发展菠萝蜜种植作为增加农民收入的重要举措来抓，从政策、资金、技术、信息和流通等多方面进行重点扶持，使菠萝蜜种植面积逐年增长。目前，该县菠萝蜜的种植遍布每个村镇，全县形成了以红丰、塘坪、北惯、新洲、那龙等镇为主的连片菠萝蜜种植基地。

广西博白县沙河镇是一个菠萝蜜产出大镇，当地有着上百年菠萝蜜种植历史，现村民种的菠萝蜜多有四季开花结果的特性，而且果肉金黄，香郁清甜，入口滑脆，很受消费者青睐。现在博白县把菠萝蜜作为精准扶贫的重点产业来发展，利用新品种、新技术、新业态、新模式改造提升菠萝蜜传统产业开启甜蜜事业致富门。

海口市秀英区美目村是当地文明生态村，村里菠萝蜜文化氛围浓厚，是一个不折不扣的"一村一品"菠萝蜜村庄。据村民介绍，美目村目前种植菠萝蜜树300多亩，2万多株，仅百年以上的老树就有100多株。村里屋前屋后种满了菠萝蜜、黄皮、荔枝等热带树木，每逢盛夏，菠萝蜜果挂满树干，香飘四溢，让人垂涎不已，时常能看到当地人在道路边摆卖形态各异的果实，香香甜甜的菠萝蜜也让美目村人的生活越来越甜蜜。

菠萝蜜是梵语的音译，意为"通向幸福彼岸"，又因其皮下果粒多，有"多子多福"的美好喻义，因此，南方很多省份的喜宴中，菠萝蜜就是道必点菜，它被视为甜蜜、幸福的象征。

第三节　发展前景

菠萝蜜果实营养丰富，全果均可利用。果肉占总重量的1/3，除鲜食外，可制作果脯、脆片、果汁、果酱以及果酒等，其加工价值远胜于鲜食；未熟果肉可用作菜肴配料；种子约占总重量的1/4，可煮食，磨粉后可以制成面包，可提取淀粉，也可作为粮食代用品，是有待开发利用的热带木本粮食新资源；种子富含碳水化合物（干基含量高达77.76%）、蛋白质、脂肪和膳食纤维等，其中直链淀粉含量丰富，具有良好的营养学特性及潜在应用价值，是开发功能性食品的天然原料之一，开发潜力大。因此，菠萝蜜具有开发利用范围广、综合效益价值高等优点。

菠萝蜜原产于热带，喜温暖、湿润的环境，对土壤要求不严，种植管理较粗放，是低投资、效益好的热带果树。在国外菠萝蜜多数种植在热带地区，海拔500米以下的低地。在国内，年平均温度高于0℃、偶尔有轻霜的地方均可栽培；我国广东、广西、海南、云南、福建、台湾和四川南部的热带、南亚热带地区均有种植，海南省种植最多，海南岛光照时间长，热量丰富，雨量充沛，是得天独厚的种植菠萝蜜的天然环境。一般种植菠萝蜜，3～5年就开始收获（菠萝蜜芽接苗2年左右就有收获，5年后进入盛产期），按年产菠萝蜜果实30吨/公顷、销售价格4元/千克计，平均每公顷年产值达12万元以上。菠萝蜜作为特色热带作物，经济效益较高，是提高热区农民生活水平、脱贫致富的优势果树，也是有待开发利用的热带木本粮食作物，可为广大农民脱贫致富开辟一条新途径、好渠道，社会、经济与生态意义重大。

随着人们生活水平逐渐提高，人们对各种"名、优、稀、特"果品的需求也与日俱增，目前菠萝蜜在欧美、日本等发达国家和我国及东南亚等发展中国家的主要市场都有销售，年销售量呈逐年递增趋势，原料及产品供不应求，因其收获季节相对集中，且市场大都以鲜果形式销售，在非收获季处于市场极其紧缺状态。而且随着科技进步与经济的不断发展，菠萝蜜产品已被市场消费者广泛认可并接受，产品供不应求。国内系统研发与应用菠萝蜜产地加工技术，有利于打破菠萝蜜产业鲜果销售格局，丰富产品种类，提高产品科技含量与附加值，提高市场竞争力，有利于促进菠萝蜜产业升级与热带农业产业结构调整，有利于促进我国菠萝蜜种植业与加工业发展，对带动相关行业进步以及促进世界菠萝蜜产业发展均具有重要作用。但是与此相关的加工厂却很少。因此，在种植规模扩大时，迫切需要成熟的加工业配合。若建立规模化、标准化的加工厂，对菠萝蜜进行加工销售，其经济效益要比直接销售鲜果高得多。而且，经过加工的菠萝蜜携带方便、保存期长、清洁卫生，有利于提高产品档次和市场竞争力，并有利于调剂全国水果市场，发展特色果业，提高菠萝蜜种植业与加工业的社会、经济和生态效益，促进地方农业和农村经济的发展。菠萝蜜种植业必将后来居上，菠萝蜜也将成为我国热带水果产业和出口贸易的重要果品。因此，发展菠萝蜜生产利国利民。

在我国发展菠萝蜜产业，以下工作值得引起各方重视，并认真地进行策划与研究。

1. 加强本土优良品种选育

目前，我国菠萝蜜栽培品种繁杂，品质差异悬殊。菠萝蜜采用实生种子繁殖，会导致后代出现混杂的遗传性。为解决这个问题，开展菠萝蜜优良品种选

菠萝蜜品种资源与栽培利用 ● ● ●

育研究和引进优良品种的工作势在必行。选育几个优良无性系进行无性系繁殖推广。虽然近些年来海南省、广东湛江等地从马来西亚、泰国等热带国家引种多个优良种质，已在生产上种植，经济效益良好。但是还应加强选育研究工作，特别要重视选育具有自主知识产权的主导品种，而且在选育研究过程应着重考虑菠萝蜜果实大小、果实产期的调节，并选育适宜鲜食或加工用途的品种等。

2. 建立优良种苗繁育基地

确保种苗质量，提供优质种苗是当前和今后发展菠萝蜜种植业的需要。这样做可以避免目前品种杂乱、种苗良莠不齐而影响菠萝蜜栽种后的经济效益。因此有必要建立省内若干个专业化的菠萝蜜苗圃基地，统一提供优质种苗，包括引进优良新品种的种苗，这对海南菠萝蜜稳定发展将具有十分重要的意义。由香饮所谭乐和等研究制定的农业行业标准《木菠萝 种苗》，规定了菠萝蜜种苗的各项质量指标和相应检测规则，为我国菠萝蜜种苗标准化生产提供依据，规范全国菠萝蜜种苗市场，打击伪劣种苗，有效地杜绝伪劣种苗流入市场，以优质种苗服务于热带高效农业。

3. 开展高效栽培配套技术研发与推广

目前海南、广东等地的菠萝蜜商品生产基地虽已集中成片栽培，但普遍存在管理粗放、技术不配套、产量不稳定等现状，系统研发高效栽培配套技术，包括规范栽培技术、高效施肥技术以及病虫害绿色防治技术。对研究制定的农业行业标准《木菠萝栽培技术规程》《热带作物主要病虫害防治技术规范 木菠萝》要大力推广应用，做到既要提高果实产量，又要保证果实品质。

4. 建立专门果品收购点，组织果品出口

目前海南菠萝蜜果实收购以个体商贩为主体。他们往往以市场销路好坏作为论价依据。如果果品畅销，收购价格就高些，反之就压价。种植者的利益得不到有效保障。在大面积栽种、大面积收获之际，有关政府职能部门协调或专业公司在省内设立多个果品收购点，以契约形式订购菠萝蜜果实，并建立产、供、销系统，或农户＋公司的做法，保证成熟果实及时采收，及时运输以及及时销售，避免果多价低伤农，并及时给省内相应的果品加工厂组织果品货源进厂。在解决和提高了菠萝蜜果实保鲜技术后，组织货源在国内更远的大城市以及港澳和国际出口。发展创汇农业，这也将有利于热带农业和农村经济持续稳定和健康发展。

5. 开展系列产品研制，建立相关加工厂

在国外种植生产菠萝蜜的国家和地区，菠萝蜜果除可鲜食外，还可做成果汁、果酱、果酒以及蜜饯等食品。在国内加工菠萝蜜系列产品较少，大多数处在研发中试阶段，目前市场上仅有菠萝蜜干（脆片）等少数品种的产品销售。

6. 开展菠萝蜜种子淀粉深度研究与应用

菠萝蜜种子淀粉具有直链淀粉含量高、成膜性好、黏度适中的特点，产品质量符合国家工业淀粉质量标准；菠萝蜜种子淀粉加工工艺简单，对设备要求不高、淀粉精制容易，适合于中小规模企业生产。用菠萝蜜种子生产副产品——淀粉，对开辟粮食新资源、促进菠萝蜜种植业的发展具有重要意义。但是，目前菠萝蜜种子淀粉与木薯淀粉相比，还有许多应用性能不佳。若对其进行深入研究，利用化学或酶法改性，改善其低温稳定性、保水性、抗老化性及降低糊化温度等，加强种子淀粉提取及应用研究，使菠萝蜜种子淀粉具有更广阔的应用前景，并大大提高产品附加值，对发展热带地区特色产业和特色产品大有裨益。

参 考 文 献

曹海燕，宋国敏，2001. 木菠萝脆片的研制 [J]. 食品与发酵工业 (3): 80-81.

陈耿，2004. 海南菠萝蜜出路何在 [N]. 海南日报，2004-12-7(13).

陈广全，钟声，钟青，等，2006. 木菠萝嫁接技术简介 [J]. 中国南方果树，35(2): 42.

陈焕镛，1965. 海南植物志 (第二卷)[M]. 北京：科学技术出版社.

董朝菊，2011. 菲律宾选育出甜木菠萝新品种 [J]. 中国果业信息，28(8): 30.

广东省海南行政公署农业局调查组，1984. 海南岛菠萝蜜栽培 [J]. 热带作物科技 (6): 22-27.

黄光斗，1996. 热带作物昆虫学 [M]. 北京：中国农业出版社.

黄家南，2005. 木菠萝采果后的施肥管理 [N]. 云南科技报，2005-8-25.

简明，2005. 木菠萝翅绢螟的防治 [J]. 中国热带农业 (1): 43.

蒋善宝，王兰州，1982. 热带植物资源简介—菠萝蜜 [J]. 热带作物译丛 (3): 71-74.

李秀娟，李小慧，1995. 菠萝蜜果干的加工技术 [J]. 食品工业科技 (4): 53-60.

李秀娟，林文权，1991. 菠萝蜜饮料的研制 [J]. 食品工业科技 (6): 61-72.

李映志，刘胜辉，2003. 国外菠萝蜜主要品种简介 [J]. 热带农业科学 (6): 29-33.

李增平，张萍，卢华楠，等，2001. 海南岛木菠萝病害调查及病原鉴定 [J]. 热带农业科学 (5): 5-10.

梁元冈，陈振光，刘荣光，等，1998. 中国热带南亚热带果树 [M]. 北京：中国农业出版社.

刘根深，章程辉，等，2002. 农业行业标准《木菠萝》(NY/T 489-2002)[S]. 北京：中华人民共和国农业部.

鲁剑巍，曹卫东，2010. 肥料使用技术手册 [M]. 北京：金盾出版社.

罗永明，金启安，1997. 海南岛两种热带果树害虫记述 [J]. 热带作物学报，8(1): 71-78.

孟倩倩，王政，谭乐和，等，2017. 黄翅绢野螟触角感器的扫描电镜观察 [J]. 热带作物学报，38(7): 1323—1327.

潘志刚，游应天，等，1994. 中国主要外来树种引种栽培 [M]. 北京：北京科学技术出版社.

钱庭玉，1983. 木菠萝天牛类害虫幼虫记述 [J]. 热带作物学报，4(1): 103-105.

桑利伟，刘爱勤，等. 海南省地方标准《菠萝蜜主要病虫害防治技术规程》DB46T 320-2015[S].

桑利伟,刘爱勤,谭乐和,等,2011.木菠萝果腐病中一种新病原菌的分离与鉴定[J].热带作物学报, 32(9): 1729-1732.

苏兰茜,白亭玉,吴刚,等,2019.菠萝蜜栽培研究现状及发展趋势[J].热带农业科学, 39(1): 10-15, 41.

孙宁, 2002.木菠萝酸奶加工工艺研究[J].食品工业科技 (1): 46-47.

孙燕,杨建峰,谭乐和,等,2010.菠萝蜜高产园土壤养分特征研究[J].热带作物学报, 31(10): 1692-1695.

谭乐和, 1999.海南菠萝蜜发展前景及对策[J].柑桔与亚热带果树 (3): 12-13.

谭乐和,刘爱勤,等, 2007.菠萝蜜种植与加工技术[M].北京:中国农业出版社.

谭乐和,刘爱勤,等, 2007.农业行业标准《木菠萝 种苗》(NY/T 1473-2007)[S].北京:中华人民共和国农业部.

谭乐和,刘爱勤,林民富, 2007.菠萝蜜种植与加工技术[M].北京:中国农业出版社.

谭乐和,王令霞,朱红英, 1999.菠萝蜜的营养物质成分与利用价值[J].广西热作科技 (2): 19-20.

谭乐和,吴刚,等, 2017.农业行业标准《木菠萝栽培技术规程》(NY/T 3008-2016)[S].北京:中华人民共和国农业部.

谭乐和,吴刚,刘爱勤,等, 2012.菠萝蜜高效生产技术[M].北京:中国农业出版社.

谭乐和,郑维全, 2000.菠萝蜜种子淀粉提取及其理化性质测定[J].海南大学学报 (4): 388-390.

谭乐和,郑维全,刘爱勤, 2001.海南省兴隆地区菠萝蜜种质资源调查与评价[J].植物遗传资源科学 (1): 22-25.

谭乐和,郑维全,刘爱勤,等, 2006.兴隆地区菠萝蜜种质资源评价与开发利用研究[J].热带农业科学 (4): 14-19.

王万方, 2003.木菠萝栽培技术[J].柑桔与亚热带果树信息 (1): 29-31.

王云惠, 2006.热带南亚热带果树栽培技术[M].海口:海南出版社.

吴刚,谭乐和,等, 2013.农业行业标准《植物新品种DUS测试指南 木菠萝》(NY/T NY/T 2515-2013)[S].北京:中华人民共和国农业部.

吴刚,杨逢春,闫林,等, 2010.尖蜜拉在海南兴隆的引种栽培初报[J].中国南方果树, 39(5): 60-61.

许树培, 1992.海南岛果树种质资源考察研究报告//华南热带作物科学研究院,中国农业科学院作物品种资源研究所.海南岛作物(植物)种质资源考察文集[M].北京:中国农业出版社.

阳辛凤, 2005.微波膨化加工木菠萝脆片工艺[J].热带作物学报 (2): 19-23.

叶春海,吴钿,丰锋,等, 2006.菠萝蜜种质资源调查及果实性状的相关分析[J].热带作物学报 (1): 28-32.

菠萝蜜品种资源与栽培利用 ● ● ●

叶耀雄, 朱剑云, 黄卫国, 等, 2006. 木菠萝的嫁接试验[J]. 中国热带农业 (5): 14.

张福锁, 2010. 作物施肥图解[M]. 2 版. 北京: 中国农业出版社.

张世云, 1989. 待开发的热带水果—菠萝蜜[J]. 云南农业科技 (2): 43-46.

章程辉, 谢德芳, 等, 2006. 农业行业标准《木菠萝干》(NY/T 949-2006)[S]. 北京: 中华人民共和国农业部.

郑坚端, 邱德勃, 1991. 热带果树—木波罗[J]. 植物杂志, 18(1): 6-7.

钟声, 2005. 树菠萝补片芽接技术[J]. 中国热带农业 (3): 44.

钟义, 1983. 海南岛果树资源及其地理分布[J]. 园艺学报, 10(3): 145-152.

Amrik SS, 2012. Jackfruit Improvement in the Asia-Pacific Region–A Status Report[J]. Asia-Pacific Association of Agricultural Research Institutions, Bangkok, Thailand.

Bashar MA, Hossain A, 1993. Present status of jackfruit in Bangladesh[M]. ICUC, UK: University of Southampton, 1-21.

Elevitch CR, Manner HI, 2006. *Artocarpus heterophyllus* (jackfruit)[J]. Species Profles for Pacifc Island Agroforestry, 10: 1-25.

Gardner EM, Gagne RJ, Kendra PE, et al., 2018. A flower in fruit's clothing: pollination of jackfruit (*Artocarpus heterophyllus*, moraceae) by a new species of gall midge, *Clinodiplosis ultracrepidate* sp. nov. (diptera: cecidomyiidae)[J]. International Journal of Plant Sciences, 179(5): 350-367.

Haq N, 2006. Jackfruit, *Artocarpus heterophyllus*, Southampton Center for Underutilised Crops[M]. UK: University of Southampton, Southampton, 192 p.

Haq N, 2006. Jackfruit, *Artocarpus heterophyllus* [M]. UK: Southampton Centre for Underutilised Crops.

Kallekkattil S, Krishnamoorthy A, Patil P, et al., 2017. Forecasting the incidence of jackfruit shoot and fruit borer *Diaphania caesalis* Walker (Pyralidae: Lepidoptera) in Jackfruit (*Artocarpus heterophyllus* Lam.) ecosystems[J]. Journal of Entomology and Zoology Studies, 5(1): 483-487.

Kallekkattil S, Krishnamoorthy A, Shreevihar S, et al., 2019. First report of a hymenopteran parasitoid complex on jackfruit shoot and fruit borer *Diaphania caesalis* (Lepidoptera: Crambidae) from India[J]. Biocontrol Science and Technology, 95: 1-16.

Khan AU, 2021. Management of insect pests and diseases of jackfruit (*Artocarpus heterophyllus* L.) in agroforestry system: a review[J]. Acta Entomology and Zoology, 2(1): 37-46.

Khan R, Zerega N, Hossain S, et al., 2010. Jackfruit (*Artocarpus heterophyllus* Lam), Diversity in Bangladesh: Land Use and Artificial Selection[J]. Economic Botany, 64(2): 124-136.

Molesworth Allen, B., 1975. Common Malaysian Fruits[M]. London: Longman.

Pritee S, Jyothi J, Reddy RVR, et al., 2018. Biochemical basis of host-plant resistance to shoot and fruit borer, *Diaphania caesalis* Wlk. in jackfruit (*Artocarpus heterophyllus* Lam.)[J]. Pest

Management in Horticultural Ecosystems, 24(1): 8-14.

Rajkumar MB, Gundappa B, Tripathi MM, et al., 2018. Pests of jackfruit. In: Omkar eds. Pests and their management[M]. Singapore: Springer, 587-602.

Sakai S, Nagamasu KH, 2000. *Artocarpus* (moraceae)-gall midge pollination mutualism mediated by a male-flower parasitic fungus[J]. American Journal of Botany, 87(3): 440-445.

Wang Z, Meng QQ, Tan LH, et al., 2017. Sex determination of pupae and adults of *Diaphania caesalis* (walker)[J]. Journal of Environmental Entomology.

Wang Z, Meng QQ, Zhu X, et al., 2020. Identification and evaluation of reference genes for normalization of gene expression in developmental stages, sexes, and tissues of *Diaphania caesalis* (Lepidoptera, Pyralidae)[J]. Journal of Insect Science, 20(1): 1-9.

Wang Z, Zhang SH, Yang CJ, et al., 2020. Biological characteristics and field population dynamics of the jackfruit borer, *Diaphania caesalis* (Lepidoptera: Pyralidae)[J]. Acta Entomologica Sinica, 63(1): 63-72.